U0215161

Geomagic Design X 逆向设计技术

成思源　杨雪荣　主编

清华大学出版社
北 京

内 容 简 介

Geomagic Design X 的前身 Rapid form XOR 是韩国 INUS 公司产品中的知名逆向工程技术软件，具有强大的三维建模功能，在国内外已得到广泛的应用。目前已被 3D System 公司收购，并更名为 Geomagic Design X，与 Geomagic Studio 等软件形成一个系列，各有所长，在企业及高校中的应用越来越普及。

本书作为国内第一本 Geomagic Design X 的操作培训教材，针对逆向建模技术的最新发展趋势，围绕 Geomagic Design X 软件的点云处理、领域分割、草图绘制及三维建模等相关内容，介绍该软件的主要功能、使用的思路及方法。每一阶段均配有相应的实例操作来说明其应用思路和技巧，提供了详细的功能介绍与操作视频，以帮助读者快速、直观地领会如何将软件中的功能运用到实际工作中，尽快地达到学以致用的目的。

本书突出逆向工程技术应用型人才工程素质的培养要求，系统性及实用性强。本书可作为 CAD 技术人员的自学教材、大专院校 CAD 专业课程教材以及 CAD 技术各级培训教材。同时，对相关领域的专业工程技术人员和研究人员也具有重要的参考价值。

图书在版编目(CIP)数据

Geomagic Design X 逆向设计技术/成思源，杨雪荣主编. —北京：清华大学出版社，2017(2024.7重印)
ISBN 978-7-302-48899-6

Ⅰ. ①G… Ⅱ. ①成… ②杨… Ⅲ. ①工业产品—造型设计—计算机辅助设计—应用软件
Ⅳ. ①TB472-39

中国版本图书馆 CIP 数据核字(2017)第 287974 号

责任编辑：赵 斌
封面设计：常雪影
责任校对：刘玉霞
责任印制：杨 艳

出版发行：清华大学出版社
网 址：https://www.tup.com.cn，https://www.wqxuetang.com
地 址：北京清华大学学研大厦 A 座 **邮 编**：100084
社 总 机：010-83470000 **邮 购**：010-62786544
投稿与读者服务：010-62776969，c-service@tup.tsinghua.edu.cn
质量反馈：010-62772015，zhiliang@tup.tsinghua.edu.cn
印 装 者：三河市铭诚印务有限公司
经 销：全国新华书店
开 本：185mm×260mm **印 张**：8.5 **字 数**：201 千字
版 次：2017 年 12 月第 1 版 **印 次**：2024 年 7 月第 9 次印刷
定 价：34.00 元

产品编号：076503-01

前 言

FOREWORD

逆向工程技术目前已广泛应用于产品的复制、仿制、改进及创新设计，是消化吸收先进技术和缩短产品设计开发周期的重要支撑手段。现代逆向工程技术除广泛应用于汽车、摩托车、模具、机械、玩具、家电等传统领域之外，在多媒体、动画、医学、文物与艺术品的仿制和破损零件的修复等方面也体现出其应用价值。

Geomagic Design X 及其前身 Rapidform XOR 具有强大的逆向建模功能，在一些国家已得到广泛的应用。Geomagic Design X 提供了一个全新的又为大家所熟悉的建模过程，它不仅支持所有逆向工程的工作流程，而且创建模型的设计界面和过程与主流 CAD 应用程序很相似，用 SolidWorks、CATIA、Creo(Pro/E)或 Siemens NX 等进行设计工作的工程师，可以直接使用 Geomagic Design X 进行建模设计。Geomagic Design X 不仅拥有参数化实体建模的能力，还拥有 NURBS 曲面拟合能力，能够利用这两种能力共同创建有规则特征及自由曲面特征的 CAD 模型。本书作为国内第一本系统介绍 Geomagic Design X 操作的教材，提供了该软件各模块的功能介绍，体现了逆向工程技术最新的发展。教材提供了详细的功能介绍与操作视频，可以帮助初学者快速入门，并运用软件进行操作。

本书由 11 章内容构成：

第 1 章逆向建模技术及方法，介绍逆向建模的一般流程及方法，对比常用逆向建模软件的特点，对 Geomagic Design X 逆向建模的方法与思路进行归纳。

第 2 章 Geomagic Design X 逆向建模技术基础，介绍软件的建模基础、各模块功能，以及初始模块的操作，包括打开、保存、实时转换、帮助等。

第 3 章 Geomagic Design X 点阶段处理技术，介绍点模块，结合实例对点云数据进行合并、拼接、封装、采样等操作。

第 4 章 Geomagic Design X 多边形阶段处理技术，介绍多边形模块，对多边形数据进行拼接、优化等。功能与 Studio 类似，其中修补精灵功能和 Studio 中的修补网格是一样的效果。

第 5 章 Geomagic Design X 对齐技术，介绍对齐模块，可以手动或自动对齐多边形或实体模型。

第 6 章 Geomagic Design X 领域阶段处理技术，介绍该软件特有的领域分割模块，对多边形模型进行基于面的领域划分，并可手动编辑领域范围。

第 7 章 Geomagic Design X 草图模块处理技术，介绍草图模块，包含面片草图和草图。面片草图主要用于逆向建模，有获取多边形数据平面截面线和三维空间投影边线两种方式。草图也是正向软件中的常用建模功能。

第 8 章 Geomagic Design X 建模技术，介绍模型模块，包括创建实体和曲面拟合。创建实体是将草图模块中所绘制的平面草图进行拉伸、旋转等操作，创建三维实体。曲面拟合是对领域进行曲面拟合。

第 9 章 Geomagic Design X 3D 草图处理技术，介绍 3D 草图模块，包含 3D 面片草图和 3D 草图，主要是通过绘制三维样条曲线方式创建曲面或实体。

第 10 章 Geomagic Design X 精确曲面技术，介绍曲面创建模块。功能与 Studio 中的自动曲面化类似，不过可以对 NURBS 曲面网格进行编辑。

第 11 章 Geomagic Design X 测量模块处理技术，介绍测量工具，包括测量距离（点到平面、线到线等）、测量角度（线与面、线与线等）、测量半径、测量断面及面片偏差分析。

为方便读者学习，本书提供配套资源，包括案例操作的数据文件和视频文件，以帮助读者通过实践快速掌握软件操作。

本书由成思源和杨雪荣主编。其中第 1、2、6～10 章由成思源编写，第 3～5、11 章由杨雪荣编写，全书由成思源统稿。本书还凝聚了广东工业大学先进设计技术重点实验室众多研究生的心血，他们在逆向工程技术的研究与应用方面做了卓有成效的工作。其中丛海宸、林泳涛、冯超超、徐永昌、李明宇、胡召阔、王小康、张中宝等研究生参与了部分章节的编写（实验操作及文字整理工作）。在此谨向他们表示衷心的感谢！

在实验室历届研究生的努力下，本实验室已相继编写出版了《Geomagic Studio 逆向建模技术及应用》《Geomagic Qualify 三维检测技术及应用》《Geomagic Design Direct 逆向设计技术及应用》等系列教材，体现了本实验室在吸收应用逆向工程技术最新发展成果方面所做的努力。

本书的编写工作得到了广东省科技计划项目（2014A040401078）、“逆向工程技术”广东省精品资源共享课建设项目、“反求设计与快速制造”广东省研究生示范课程建设项目的资助，特此致谢！

在本书编写过程中，得到了 3D Systems Corporation| 杰魔（上海）软件有限公司提供的支持，并参考了国内外相关的技术文献和技术经验，在此一并表示感谢。

由于编者水平及经验有限，加之时间紧迫，书中难免存在不足之处，欢迎各位专家、同人批评指正。编者衷心地希望通过同行之间的交流促进逆向工程技术的进一步发展！

编　者

2017 年 12 月

目录

CONTENTS

第1章

逆向建模技术及方法

1.1　逆向工程技术简介

逆向工程(reverse engineering,RE)也称反求工程或反向工程,是近年来迅速发展起来的一种综合了产品功能信息分析、CAD模型重建等相关技术的方法,即对目标产品进行逆向分析和研究,并得到该产品的制造流程、组织结构、功能特性及技术规格等设计要素,然后在理解其原始设计意图的基础上进行再设计。逆向工程技术为产品的改进设计提供了方便、快捷的工具,它借助于先进的技术开发手段,在已有产品基础上设计新产品,缩短了开发周期,降低了开发成本。

逆向工程的概念是相对于传统的产品设计流程,即正向工程(forward engineering,FE)而提出的。正向工程是从市场需求中抽象出产品的概念描述,据此建立产品的CAD模型,然后对其进行快速成形或加工生产得到产品的实物原型,概括地说,正向工程是由概念到CAD模型再到实物模型的开发过程。广义的逆向工程是指针对已有产品,消化吸收其内在的产品设计、制造和管理等各方面技术的一系列分析方法、手段和技术的综合,其研究对象主要是事物、影像和软件。狭义的逆向工程指的是实物逆向工程,即对产品几何形状的研究,它运用三维测量仪器对产品进行数据采集,将所采集的数据通过逆向建模技术重构出产品的三维几何形状,并在此基础上进行创新设计和生产加工。

逆向工程不是简单地把原有物体还原,它的重要意义在于要在重构模型的基础上研究分析产品的设计原理并进行二次创新,所以逆向工程作为一种先进的创新技术被广泛应用于工业产品的开发与设计中。

1.2　逆向建模的概念和常用方法

目前国内外有关逆向工程的研究是以几何形状重构的逆向建模技术为主要目标的。逆向建模就是针对已有的产品模型,利用三维数字化测量设备准确、快速地测量出产品表面的三维数据,然后根据测量数据通过三维几何建模方法重建产品CAD模型。逆向建模的具体流程如图1-1所示,可分为几个阶段:

(1) 数据采集:利用三维测量仪器对实物样品进行测量,得到其轮廓的三维数据;

(2) 数据处理:在软件中对所得到的三维数据进行优化,包括对数据的合并、采样、平

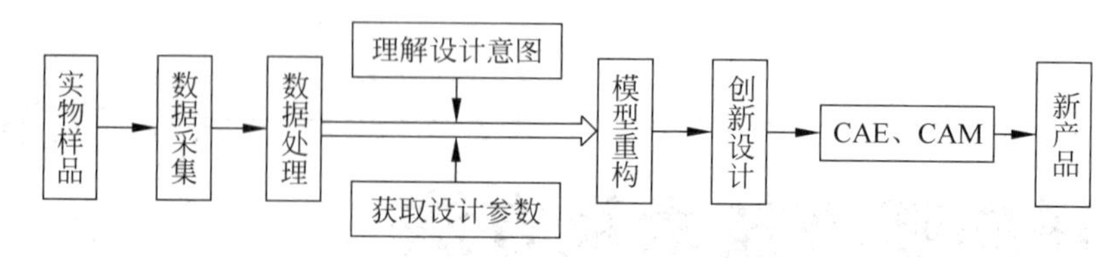

图 1-1 逆向建模的具体流程

滑、分割和三角面片化等处理；

(3) 模型重构：在优化得到的面片模型基础上，理解模型的原始设计意图，获取原始设计的相关参数，对形状规则的特征拟合出相应特征，对曲面特征进行曲面拟合，最终重构获得产品完整的 CAD 模型；

(4) 创新设计：对重构的 CAD 模型进行评价分析，并在其基础上做创新设计；

(5) CAE、CAM：对改进的产品进行计算机辅助分析和制造，若创新结构符合产品要求即可投入生产使用。

逆向工程是对产品的各部分进行功能分解，深刻理解各部分功能的原始设计目的，在此基础上，对重构得到的 CAD 模型进行创新性改进设计，是基于原产品设计的再设计。

目前逆向建模的常用方法有：面片建模，参数化特征建模，拟合曲面建模和混合建模。

面片建模是利用 3D 扫描数据创建最优三角形网格面片，即根据使用目的，通过删除缺陷、穴填补、修改形状以及优化面片结构来将 3D 扫描数据转化成最优三角网格面片。该方法虽然能够表达结构复杂的产品模型，但是并不能很好地反映产品的原始设计意图，所得到的 CAD 模型只是对原产品的简单复制。因此该方法可应用于分析产品模型的形状并通过 3D 打印创建参照原型模型。

参数化特征建模是依据分析 3D 扫描物体的设计意图和元素来创建参数化特征模型，所创建的特征可以通过控制参数来重复使用、重新定义、修改以及转换。该方法能够比较方便地对所提取的特征进行参数化修改，一定程度上提高了重建模型的效率。但是能够提取的参数信息有限，一般适用于产品表面规则的模型(如机械零件)，制造基于现有产品增强功能的新产品，复制没有图纸或没有 CAD 数据的目标产品。

拟合曲面建模是利用 3D 扫描物体的优化面片来创建 3D 模型。该方法通过多种工具(如 Geomagic Design X 中的自动曲面、面片拟合、境界拟合等)从 3D 扫描数据的形状中快速、高效地提取精确的自由曲面，可以对有复杂曲面的模型进行编辑修改。因此这种方法广泛用于模型的外部结构重建(如汽车的车体等)、定制与人体器官匹配的产品、重建损坏的文物艺术品等方面中。

混合建模是在逆向设计的过程中混合使用多种逆向建模方式，来重构具有复杂结构特征的模型。

1.3 正逆向混合建模

正逆向混合建模是目前逆向工程中应用最为广泛的一种建模方法，其建模流程一般是首先在逆向建模软件中重构得到产品的三维表面数据，并将表面数据中有参特征的参数提取出来，然后将其导入正向建模软件中进行编辑修改和实体建模，即将逆向建模和正向设计有机结合，充分发挥各自的优势。该建模方法能有效反求产品的原始设计意图，提高反求模型的参数化修改能力，有利于产品的创新再设计。该建模方法的流程如图 1-2 所示，这种基于正逆向建模软件的混合建模方法在建模过程中人机交互操作比较多，而且重建得到的曲面精度不高，在正向软件中曲面重构后一般都要进行误差分析，若重要曲面重建的差值太大，还要重新修改，建模耗时长。

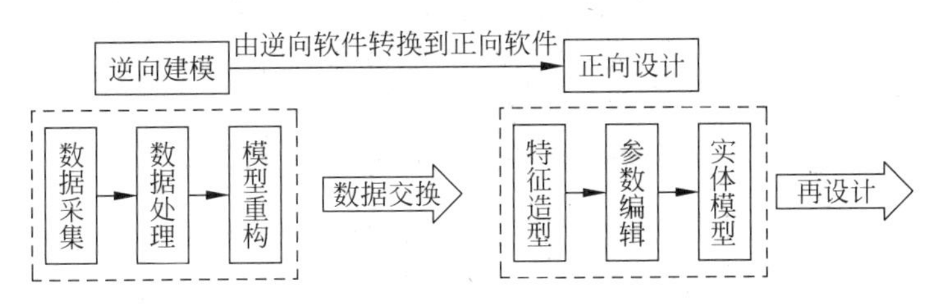

图 1-2　正逆向混合建模的一般流程

Geomagic Design X 是 Geomagic 公司推出的一款正逆向建模软件，它具有逆向建模软件的采集原始扫描数据并进行预处理的功能，还具有正向建模软件的正向设计功能，并且可以直接由扫描设备得到的 3D 扫描数据创建完全参数化的 CAD 模型，这些设计参数也是可以自由修改的。Geomagic Design X 可以使工程师在实物样品的特征有部分损坏或扫描数据不完整的情况下，提取到模型的设计意图和设计参数，重构得到产品的完整 CAD 模型；在重建 CAD 模型时，该软件还可以实时查询模型曲面的误差，给逆向设计的过程节省了不少时间。经测试，Geomagic Design X 逆向建模方式与传统曲面拟合方式相比节省了 80% 的时间。另外，在获取现有模型的设计参数后，如果要在其基础上进行改进设计或创新设计，该软件也具有极大的自由度和灵活性。

Geomagic Design X 提供了一个全新的又为大家所熟悉的建模过程，它不仅支持所有逆向工程的工作流程，而且创建模型的设计界面和过程与主流 CAD 应用程序中的很相似，用 SolidWorks、CATIA、Creo(Pro/E)或 Siemens NX 等进行设计工作的工程师，可以直接使用 Geomagic Design X 进行建模设计，其设计过程采用了常见的 CAD 建模功能与步骤，例如拉伸、旋转、扫描、放样等。基于 Geomagic Design X 的正逆向混合建模，用户可以直接将点云扫描或导入至软件中编辑处理，然后用丰富的工具命令从 3D 扫描数据中提取设计参数，再结合正向建模快速创建和编辑实体模型。Geomagic Design X 不仅拥有参数化实体建模的能力，还拥有 NURBS 曲面拟合能力，能够利用这两种能力共同创建有自由曲面特征的 CAD 模型。

逆向建模技术和正向设计方法在构建产品的 CAD 模型时各有长处，逆向建模的优势在于对原始测量数据的强大处理功能和曲面重构功能；正向设计的优势在于特征造型和实体造型功能，对几何特征的编辑修改比较方便。

Geomagic Design X 正逆向建模软件融合了逆向建模技术和正向设计方法的长处。该软件可以对 3D 扫描数据进行优化处理并创建三角面片，能通过领域分割自动识别三维规则特征如二次曲面(平面、球面、圆柱面和圆锥面)等，能通过面片草图用截面从面片模型中截取平面草图并做相应编辑，再利用拉伸、旋转、扫描和放样等正向设计的工具对规则结构进行重建，利用曲面拟合等工具对复杂曲面进行重建。Geomagic Design X 正逆向混合建模的具体流程如图 1-3 所示。

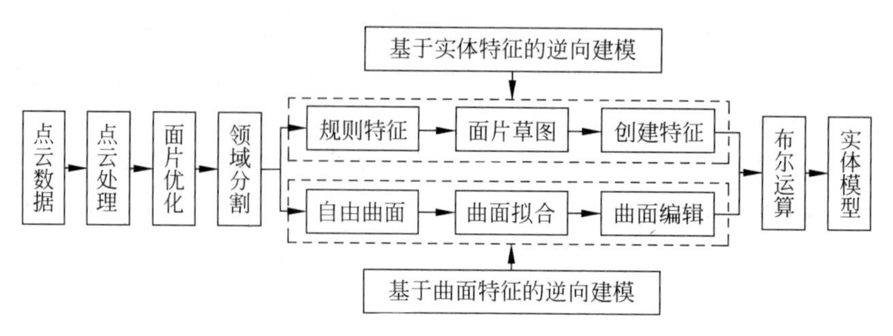

图 1-3 Geomagic Design X 正逆向混合建模流程

目前，市场上的专业逆向建模软件有多种，但是逆向建模方法各有不同。另一款正逆向混合设计的软件 Geomagic Design Direct 是基于直接建模技术的正逆向混合设计软件，通过计算并提取三角网格面模型中不同区域的曲率、法矢方向等参数，拟合得到相应的三维规则实体特征。逆向建模软件 Geomagic Studio 是对三角网格面模型按几何特征划分，分别拟合得到相应的三维曲面特征，最终重构得到的是曲面模型。相对于曲面模型，实体模型能更完整、严密地表达模型的三维形状。若要对 Geomagic Studio 得到的模型进行再设计，就必须将曲面模型传送至正向软件中编辑修改。与它们相比，Geomagic Design X 正逆向建模软件是一款参数化设计的逆向工程软件，具有强大的点云和三角面片处理功能，混合了实体和曲面建模功能，能够快速创建原始模型，并可以保证模型精度，还可以在重构模型的基础上直接做正向再设计。另外，对于实物特征有损坏或扫描数据不完整的情况，该软件也能重构得到产品完整的 CAD 模型。

1.4 基于 Geomagic Design X 的逆向建模方法

基于 Geomagic Design X 的逆向建模方法是根据点云数据得到优化的面片，再在面片的基础上构建规则而精确的模型。产品的外观结构特征分为规则曲面和自由曲面。对于规则曲面，如机械类零件等产品，常采用基于实体特征的逆向建模方法创建得到产品的实体模型；对于自由曲面，如艺术品等，常采用基于曲面特征的曲面拟合逆向建模方法，通过拟合得到产品的曲面。因此这两种重构方法是逆向建模技术中的主要方法，Geomagic Design X 逆向建模软件就是应用这些方法实现模型重构的。

为了使模型快速准确地重构并且适合制造，Geomagic Design X 基于实体特征的逆向建模方法可以识别出模型的特征形状，提取设计意图，获取设计参数，直接创建参数化的特征模型。Geomagic Design X 基于曲面特征的逆向建模方法可以拟合自由曲面，拥有强大的自动曲面拟合技术，同样支持 NURBS 曲面拟合，也可以采用手动的方式创建曲面网格模型，还可以对曲面进行剪切缝合，最终获得完整的曲面模型。此外，混合使用多种逆向建模方法还可以重构结构复杂的模型。

下面通过实例分别介绍在 Geomagic Design X 中基于实体特征和基于曲面特征的逆向建模方法，以及结合两种方法的混合建模方法。

1.4.1　基于实体特征的逆向建模

Geomagic Design X 软件基于实体特征的逆向建模首先利用点云数据创建三角形网格面片，利用软件中的工具提取断面轮廓或 3D 曲线，提取模型的原设计参数加以修改，再结合正向建模工具创建三维特征，最后利用布尔运算剪切或合并特征得到参数化的三维模型。该方法主要步骤有点云处理、面片处理、领域分割、坐标对齐和创建实体模型。下面以一机械零件为例介绍基于实体特征的逆向建模过程。

1. 点云处理

点云是由一组在坐标系中有坐标值的点组成的有代表性的数据。由于在采集点云数据的过程中会产生噪声点和采集到产品以外的数据点，需对点云数据进行优化处理。将点云数据导入到 Geomagic Design X 软件中，消除扫描点中的噪声杂点，采样以减少点云数据的数量，平滑点云数据以降低点云外侧形状的粗糙度。得到优化处理后的点云数据如图 1-4 所示，最后在其基础上创建得到面片。

2. 面片处理

面片是由一系列点、边、面(一般是三角形)组成的基于多面体的 3D 数字化数据。面片可以显示出物体的复杂曲面和结构形状，面片三角化是将三个点连接并构造曲面的过程。面片三角化的过程中可能会生成错误的三角形，如非流形三角形、多余三角形、交叉三角形和反转三角形等，要删除这些错误的三角形以提高面片的质量。另外初始得到的面片可能会出现孔和凸起等各种缺陷，因此需要对面片进修复处理。根据局部面片的形状曲率使用单元面填补缺失孔，移除并修复面片中的凸起部分。优化的面片如图 1-5 所示。

图 1-4　优化处理后的点云数据

图 1-5　优化的面片

3. 领域分割

领域分割是根据扫描数据的曲率和特征将面片分类为不同的几何领域，也就是识别出不同的特征。在自动分割的结果中可能会出现识别错误，可以对各领域进行合并、分割和扩大缩小等编辑操作。领域分割的结果如图 1-6 所示。

图 1-6　领域分割

4. 坐标对齐

对齐是一种依据设计意图快速、准确地将面片与三维坐标系对齐的工具。更简单地说，对齐就是考虑模型的坐标系在正向建模中可以放置的最佳位置，并在此逆向建模中将坐标系转换到理想的坐标系中。机械类零件在建模过程中一般都有一个标准位置的坐标系，因此这一步骤对机械类零件很重要。坐标对齐后的模型如图 1-7 所示。

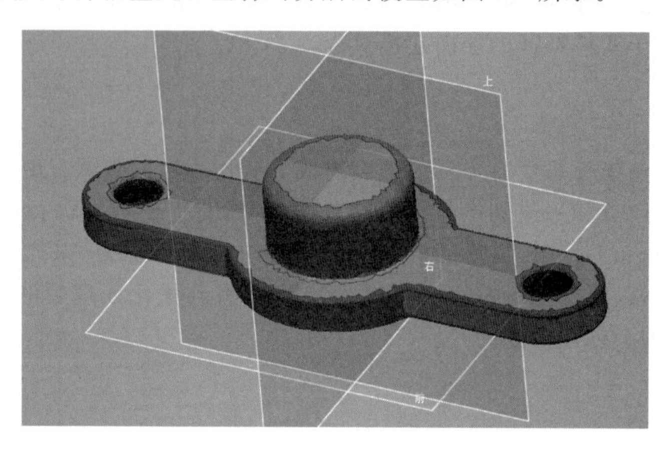

图 1-7 坐标对齐后的模型

5. 创建实体模型

基于正向建模方式的逆向建模主要利用自动面片草图工具，这是一种基于截面创建草图轮廓的新颖的、智能的工具。自动面片草图过程可从复杂截面中提取直线和圆弧，识别各线段之间的关系并自动约束，再将其连接生成一个截面轮廓。利用面片草图截取平面草图并做编辑，如图 1-8 和图 1-9 所示。

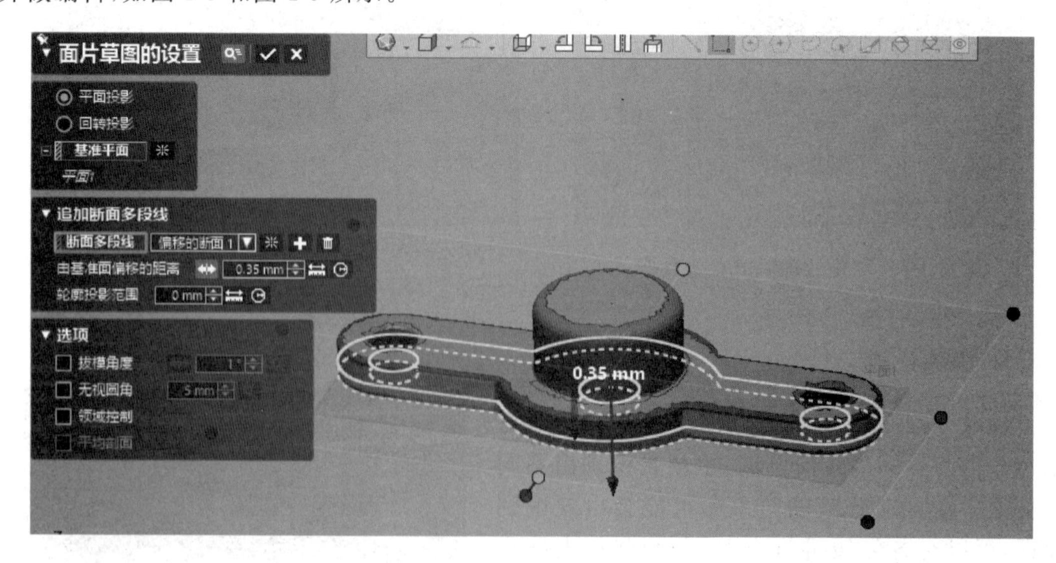

图 1-8 面片草图截取草图

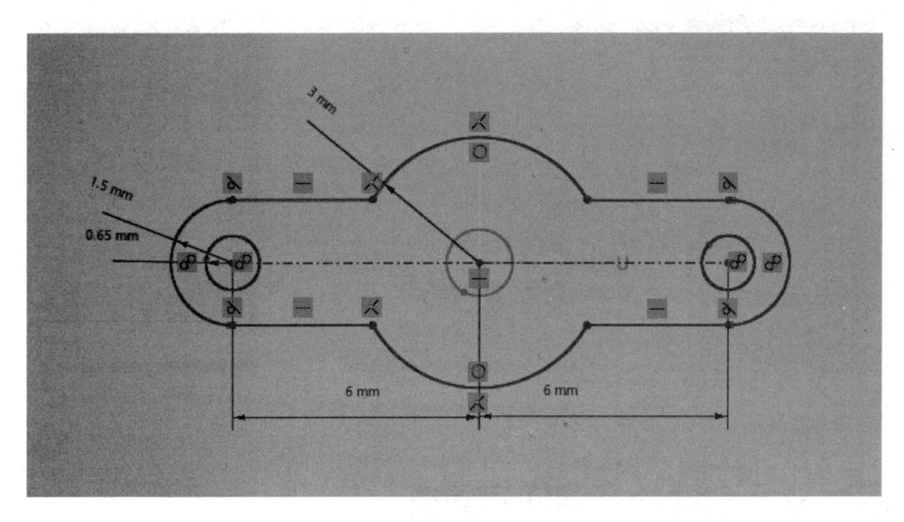

图 1-9　编辑截取的草图

获得面片草图后，利用 Geomagic Design X 软件中的正向建模工具（如拉伸、回转、放样和扫描等）创建实体模型，如图 1-10 所示。

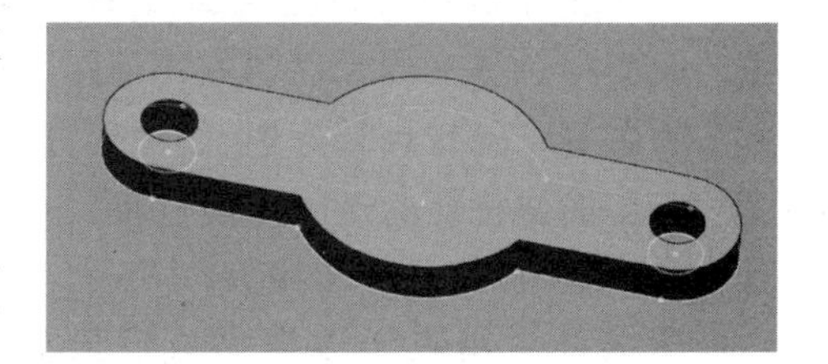

图 1-10　创建实体

利用自动面片草图按以上步骤创建该模型的其他部分并作相应的布尔运算，再依据之前的面片和领域给模型作出圆角，最终得到该机械零件的 CAD 模型，如图 1-11 所示。

图 1-11　该机械零件的 CAD 模型

最后将重构得到的实体模型与面片作偏差分析，打开“精度分析”Accuracy Analyzer (TM)面板，设置体偏差范围为±0.01mm，可以确认逆向建模重构模型的绝大部分曲面在误差范围之内，如图 1-12 所示。

基于实体特征的逆向建模重构得到的实体模型精度高，参数明确，能直接发送到其他正向建模软件中使用，可以直接在其基础上进行再设计或直接用于生产制造。

图 1-12 重构模型的精度分析结果

1.4.2 基于曲面特征的逆向建模

Geomagic Design X 软件基于曲面特征的逆向建模是利用点云数据创建面片，利用软件中的曲面拟合等工具或手动方式创建曲面，再将各个曲面剪切缝合得到完整的曲面模型。该方法的主要步骤有点云处理、面片处理、领域分割、坐标对齐和曲面创建。下面介绍风扇的叶片基于曲面特征的逆向建模过程，由于该方法的前四个步骤与基于实体特征逆向建模过程中的一致，在此不作详述。

风扇的叶片由点云数据完成点云处理、面片处理、领域分割、坐标对齐等操作之后的模型如图 1-13 所示，这些操作可以称为前处理。

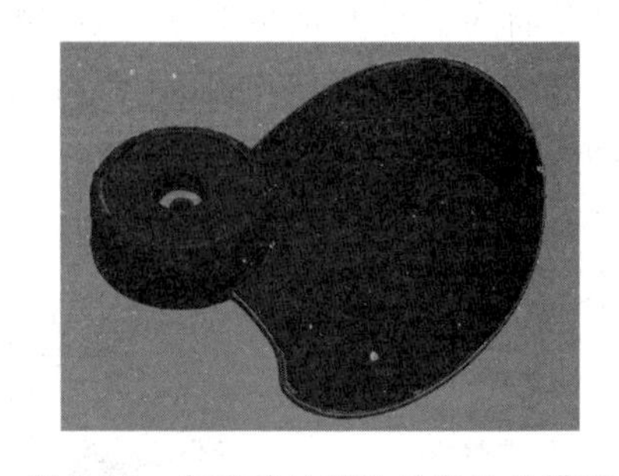

图 1-13 完成前处理的风扇叶片模型

接下来是对叶片所构成的曲面进行拟合。拟合曲面的方法有很多种，面片拟合是将曲面拟合到单元面或领域上；放样向导是从单元面或领域中提取对象，智能计算多个断面轮廓并创建放样路径；还有拉伸、回转、扫描等方法都可以创建拟合曲面。本例中利用面片拟合方法创建叶片的上下表面，再利用拉伸生成叶片的轮廓曲面。叶片拟合的曲面如图 1-14 所示。

编辑拟合的曲面，如剪切曲面、延长曲面、缝合等。再对曲面模型作细节处理，如叶片的边缘作全部面圆角，得到叶片的曲面模型（见图 1-15）。

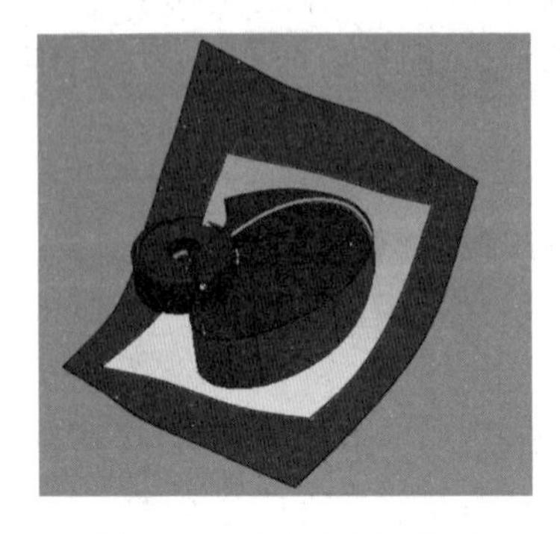

图 1-14 叶片拟合的曲面

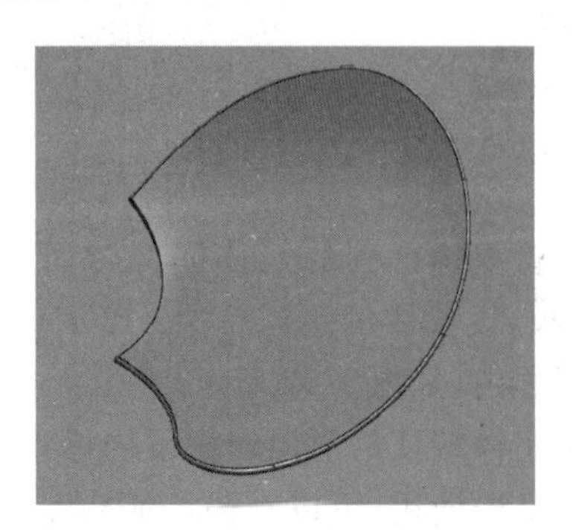

图 1-15 叶片的曲面模型

最后将重构得到的曲面模型与面片做偏差分析，打开“精度分析”Accuracy Analyzer(TM)面板，设置体偏差范围为±0.1mm，由精度分析的结果可知绝大部分的曲面偏差符合精度要求，如图1-16所示。

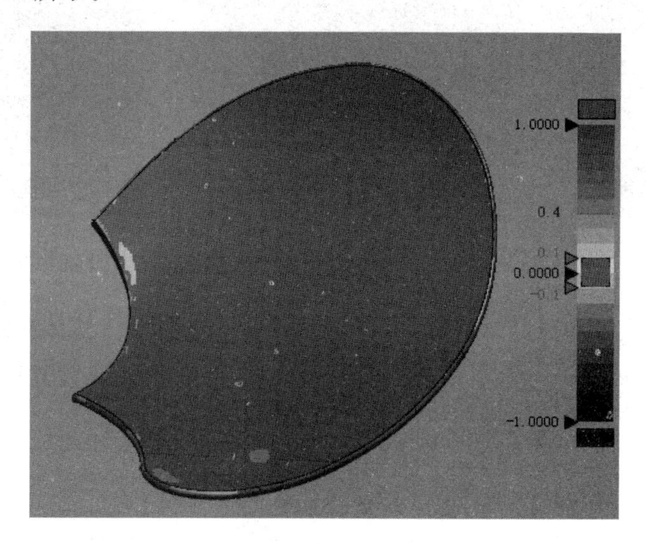

图1-16　重构模型的精度分析结果

1.4.3　混合逆向建模

混合逆向建模就是在逆向建模的过程中使用多种建模方法来完成模型的重构。下面以机械零件涡轮叶片为例，简单介绍在Geomagic Design X中应用基于实体特征与曲面特征的混合建模方法。

涡轮叶片点云数据完成前处理得到的模型如图1-17所示。涡轮叶片的模型主要分为两部分：中间部分是一个规则的回转体，四周是两组由自由曲面构成的叶片，均布在回转体周围。

采用基于实体特征的逆向建模方法创建涡轮叶片的中间回转体模型，如图1-18所示。

图1-17　完成前处理的模型

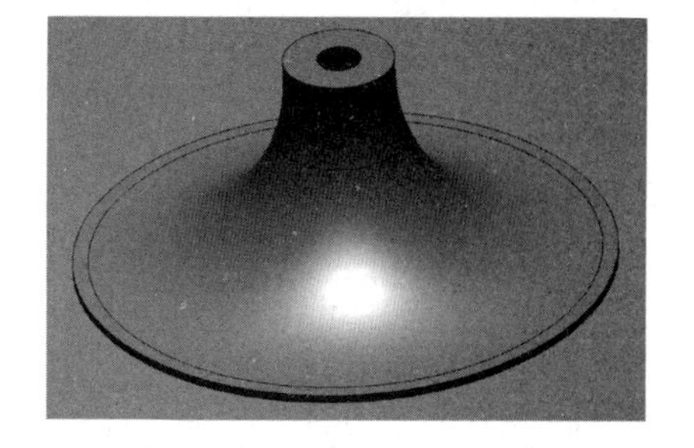

图1-18　涡轮叶片中间部分的模型

采用基于曲面特征的逆向建模方法创建涡轮的叶片模型，如图1-19所示。

将中间回转体模型与叶片模型作布尔运算，得到涡轮叶片的整体模型如图1-20所示。打开“精度分析”查看重构模型的偏差，如图1-21所示。

图 1-19　叶片部分的模型

图 1-20　涡轮叶片的整体模型

图 1-21　重构模型的精度分析结果

以上通过三个实例简单介绍了 Geomagic Design X 软件基于实体和曲面特征的逆向建模方法以及混合逆向建模方法的基本步骤。另外，设计者还可以利用 Geomagic Design X 软件的正向设计功能直接对重构的模型进行再设计或创新。

第2章

Geomagic Design X逆向建模技术基础

2.1 Geomagic Design X 版软件简介

美国 Geomagic 公司开发的 Geomagic Design X(原 Rapidform XOR)是业界功能最全面的逆向工程软件,结合基于历史树的 CAD 数模和三维扫描数据处理,能创建出可编辑、基于特征的 CAD 数模并与现有的 CAD 软件兼容。

Geomagic Design X 的主要优点如下:

(1) 拓宽设计能力:Geomagic Design X 通过最简单的方式由 3D 扫描仪采集的数据创建出可编辑、基于特征的 CAD 数模并将它们集成到现有的工程设计流程中。

(2) 加快产品上市时间:Design X 可以缩短从研发到完成设计的时间,从而可以在产品设计过程中节省数天甚至数周的时间。对于扫描原型、现有的零件、工装零件及其相关部件,以及创建设计来说,Design X 可以在短时间内实现手动测量并且创建 CAD 模型。

(3) 改善 CAD 工作环境:无缝地将三维扫描技术添加到日常设计流程中,提升了工作效率,并可直接将原始数据导出到 SolidWorks、Siemens NX、Autodesk、Inventor、PTC Creo 及 Pro/Engineer。

(4) 实现不可能:Design X 可以创建出非逆向工程无法完成的设计。例如,需要和人体完美拟合的定制产品,创建的组件必须整合现有产品、精度要求精确到几微米,创建无法测量的复杂几何形状。

(5) 降低成本:可以重复使用现有的设计数据,因而无须手动更新旧图纸、精确地测量以及在 CAD 中重新建模。减少高成本的失误,提高了与其他部件拟合的精度。

(6) 强大且灵活:Design X 基于完整 CAD 核心而构建,所有的作业用一个程序完成,用户不必往返进出程序。并且依据错误修正功能自动处理扫描数据,所以能够更简单快捷地处理更多的数据。

(7) 基于 CAD 软件的用户界面更容易理解学习:使用过 CAD 的工作人员很容易开始 Design X 的学习,Rapidform 的实体建模工具是基于 CAD 的建模工具,简洁的用户界面有利于软件的学习。

2.2 数据类型

1. 点数据

原始点数据是点集，每一个点都具有空间位置信息。近距离看，原始数据点显示为简单的彩色点；原始数据没有渲染，渲染点数据可以更好地观察模型，如图 2-1 所示。使用扫描仪扫描收集的数据自动包含法向信息。

(a) 原始点数据

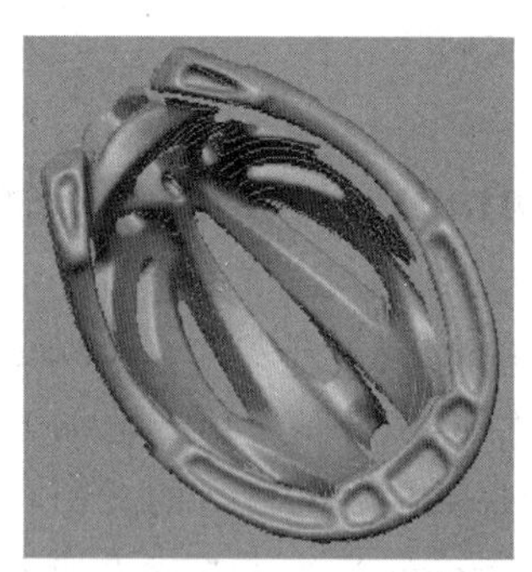

(b) 正确法向的点数据渲染

图 2-1 点数据

2. 面片或多边形

面片或多边形是由大量点云生成的成千上万的三角形。应用程序可以导入一些本地文件，还提供了几个硬件设备插件，用户可以直接连接机器将扫描数据输入到应用程序中。

面片或多边形是综合点数据创建的一个表面的外观。扫描数据可以通过 Geomagic Design X 选项自动生成面片。一个面片对象生成的法向面在默认情况下都是蓝色的，正常的背面或背部的面颜色是棕色，面片的背面都是正面的互补色，正面和背面是由点的法向方向决定的，两者的深浅度对比如图 2-2 所示。

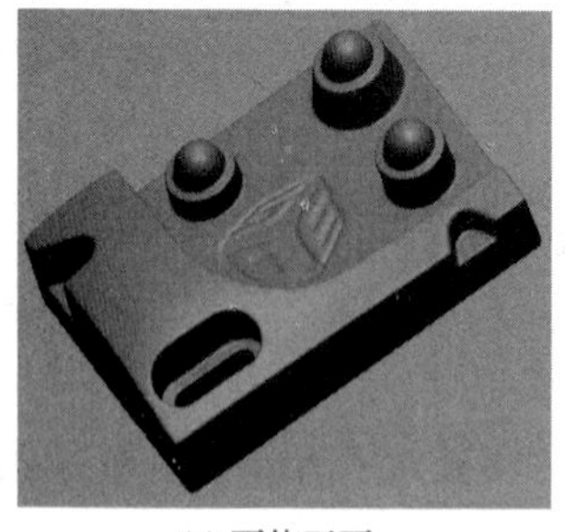

(a) 面片正面

(b) 面片背面

图 2-2 面片数据

3. CAD 数据

CAD 数据是 Geomagic Design X 中创建的开放曲面、许多曲面组成的体或者从其他软件输入的数据。Geomagic Design X 使用两种不同类型的 CAD 体，分为实体或曲面体，实体是灰色的，曲面体是黄色的。

CAD 数据通常是使用 Geomagic Design X 软件的主要结果，它生成于：

(1) 在 Design X 内生成草图、拉伸、旋转、放样等。

(2) 外部导入的 CAD 文件，如 IGES、STEP 或 CAD 文件中性交换格式。

(3) 支持直接打开或导入本地 CAD 格式文件。

2.3　Geomagic Design X 逆向建模基本流程

Geomagic Design X 逆向设计的基本原理是对直接的三维扫描数据(包括点云或多边形，可以是完整的或不完整的)进行处理后生成面片，再对面片进行领域划分，依据所划分的领域重建 CAD 模型或 NURBS 曲面来逼近还原实体模型，最后输出 CAD 模型。建模流程可划分为“数据采集—数据处理—领域划分—模型重建—输出”五个前后联系紧密的阶段来进行，如图 2-3 所示。

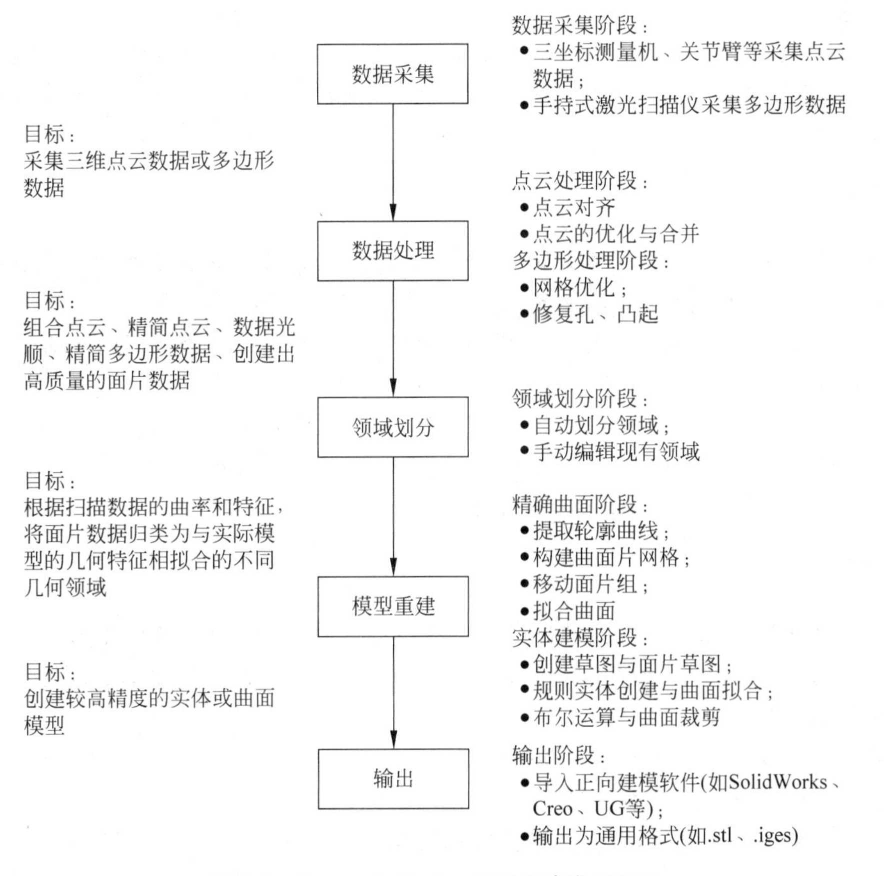

图 2-3　Geomagic Design X 逆向建模流程图

整个建模操作过程主要包括点阶段、多边形阶段、领域划分阶段和模型重建阶段。点阶段主要是对点云进行预处理，包括删除杂点、点云采样等操作，从而得到一组整齐、精简的点云数据。多边形阶段的主要目的是对多边形网格数据进行表面光顺与优化处理，以获得光顺、完整的多边形模型。领域划分阶段是根据扫描数据的曲率和特征将面片分为相应的几何领域，得到经过领域划分后的面片数据，为后续模型重建提供参考。模型重建可分为两个流程：精确曲面阶段和实体建模阶段。精确曲面阶段的主要目的是进行规则的网格划分，通过对各网格曲面片的拟合和拼接，拟合出光顺的 NURBS 曲面；实体建模阶段的主要目的是以所划分的面片数据为参考建立截面草图，再通过旋转、拉伸等正向建模方法重建实体模型。

2.4 Geomagic Design X 模块介绍

Geomagic Dsign X 的逆向建模操作主要包括以下 9 个模块：初始模块、模型模块、草图模块、3D 草图模块、对齐模块、曲面创建模块、点处理模块、多边形处理模块和领域划分模块。

1. “初始”模块

此模块的主要作用是给软件操作人员提供基础的操作环境，包含的主要功能有文件打开与存取、对点云或多边形数据的采集方式的选择、建模数据实时转换到正向建模软件中以及帮助选项等。

2. “模型”模块

此模块的主要作用是对实体模型或曲面进行编辑与修改。包含的主要功能有：

(1) 创建实体(曲面)：拉伸、回转、放样、扫描与基础实体(或曲面)；

(2) 进入面片拟合、放样向导、拉伸精灵、回转精灵、扫略精灵等快捷向导命令；

(3) 构建参考坐标系与参考几何图形(点、线、面)；

(4) 编辑实体模型包括布尔运算、圆角、倒角、拔模、建立薄壁实体等；

(5) 编辑曲面包括剪切曲面、延长曲面、缝合曲面、偏移曲面等；

(6) 阵列相关的实体与平面，移动、删除、分割实体或曲面。

3. “草图”模块

此模块的主要功能是对草图进行绘制，包括草图与面片草图两种操作形式。草图是在已知平面上进行草图绘制，面片草图是通过定义一平面，截取面片数据的截面轮廓线为参考进行草图绘制。包含的主要功能有：

(1) 绘制直线、矩形、圆弧、圆、样条曲面等；

(2) 选用剪切、偏置、要素变换、整列等常用绘图命令；

(3) 设置草图约束条件，设置样条曲线的控制点。

4. “3D 草图”模块

此模块的主要作用是绘制 3D 草图，包括 3D 草图与 3D 面片草图两种形式。包含的主要功能有：

(1) 绘制样条曲线；
(2) 进行对样条曲线的剪切、延长、分割、合并等操作；
(3) 提取曲面片的轮廓线、构造曲面片网格与移动曲面组；
(4) 设置样条曲线的终点、交叉与插入的控制数。

5. “对齐”模块

此模块主要用于将模型数据进行坐标系的对齐，包含的主要功能有：
(1) 对齐扫描得到的面片或点云数据；
(2) 对齐面片与世界坐标系；
(3) 对齐扫描数据与现有的CAD模型。

6. “曲面创建”模块

此模块的主要作用是通过提取轮廓线、构造曲面网格，从而拟合出光顺、精确的NURBS曲面。包含的主要功能有：
(1) 自动曲面化；
(2) 提取轮廓线，自动检测并提取面片上的特征曲线；
(3) 绘制特征曲线，并进行剪切、分割、平滑等处理；
(4) 构造曲面网格；
(5) 移动曲面片组；
(6) 拟合曲面。

7. “点处理”模块

此模块的主要作用是对导入的点云数据进行处理，获取一组整齐、精简的点云数据，并封装成面片数据模型。包含的主要功能有：
(1) 运行“面片创建精灵”命令快速创建面片数据；
(2) 修改模型中点的法线方向；
(3) 对扫描数据进行三角面片化；
(4) 消除点云数据中的杂点，平滑点云数据并进行采样处理；
(5) 偏移、分割点云，将体线面等要素变化为点云。

8. “多边形”模块

此模块的主要作用是对多边形数据模型进行表面光顺及优化处理，以获得光顺、完整的多边形模型，并消除错误的三角面片，提高后续拟合曲面的质量。包含的主要功能有：
(1) 运行“面片创建精灵”将多边形数据快速转换为面片数据；
(2) 修补精灵智能修复非流行顶点、重叠单元面、悬挂的单元面、小单元面等；
(3) 智能刷将多边形表面进平滑、消减、清除、变形等操作；
(4) 填充孔、删除特征、移除标记；
(5) 加强形状、整体再面片化、面片的优化等；
(6) 消减、细分、平滑多边形；

(7) 选择平面、曲线、薄片对模型进行裁剪；

(8) 通过曲线或手动绘制路径来移除面片的某些部分；

(9) 修正面片的法线方向；

(10) 赋厚、抽壳、偏移三角网格；

(11) 合并多边形对象，并进行布尔运算。

9. “领域”模块

此模块的主要作用是根据扫描数据的曲率和特征将面片划分为不同的几何领域。包含的主要功能有：

(1) 自动分割领域；

(2) 重新对局部进行领域划分；

(3) 手动合并、分割、插入、分离、扩大与缩小领域；

(4) 定义划分领域的公差与孤立点比例。

2.5　工作界面

有两种方法可以启动 Geomagic Design X 应用软件：

(1) 单击“开始”菜单中的 Geomagic Design X 程序；

(2) 双击桌面上 Geomagic Design X 图标DX。

进入 Geomagic Design X 后将会看到如图 2-4 所示的工作界面。工作界面分为应用程序菜单栏、选项卡、工具栏(分为多个工具组)、管理面板、绘图窗口、状态栏、进度条。

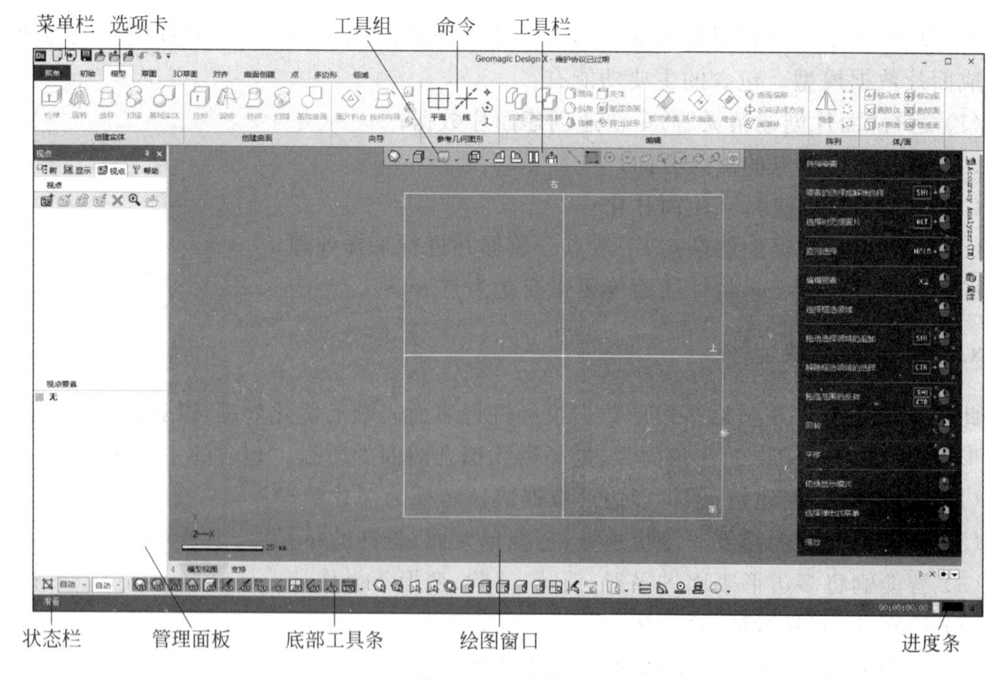

图 2-4　工作界面

提示：用于创建模型的所有命令被储存在界面最上面的选项卡里，每一个选项卡有一个不同的类别命令归类为组，单击鼠标可以选择所有选项卡。

（1）选项卡：每个选项卡分解成组，命令被放在每一个组里。

（2）组：因为相同的工作或相同的目的而归类，选项卡内每个组支持一组命令。

（3）命令：每一个命令将有它自己的属性和对话框，在工具栏上设置和保存，有一个下拉菜单去切换命令。

在工具栏中不能直接找到的命令，位于菜单选项卡里。命令分类储存在菜单选项卡中，从菜单选项卡中选择命令和在工具栏中选择是相同的。

选择“打开”按钮或从主菜单选择打开，从打开文件对话框中选择 02-User Interface. xrl（Geomagic Design X 格式，有一个. xrl 扩展名文件），单击“打开”，这个文件被加载并显示在模型视图里，如图 2-5 所示（打开命令是打开 *. rwl、*. xrl 与 *. xpl 格式的文件，其他格式文件必须使用导入命令）。

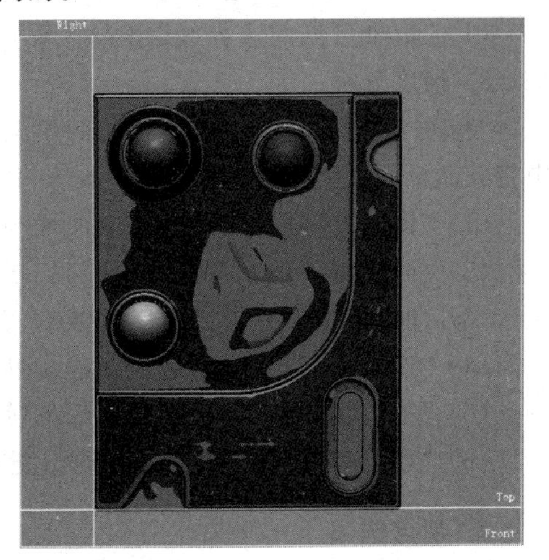

图 2-5 02-User Interface 数据

提示：Geomagic Design X 可支持多种格式的点云数据、多边形数据与实体模型数据的导入，同时也能够以多种不同方法进行导出。

支持导入模型数据的格式有：*. xdl、*. xpc、*. mdl、*. asc、*. pts、*. fcs、*. stl、*. obj、*. ply、*. e57、*. 3ds、*. wrl、*. icf、*. iges、*. stp、*. sat 等多种格式。

生成模型后，模型导出的方法有两种：①将模型保存为 *. stl 或 *. iges 等通用格式文件输出；②将模型通过“实时转换”命令导出到正向建模软件（例如，SolidWorks、Pro/E、AutoCAD 等）。

Geomagic Design X 的工具栏包含数据显示模式、视点选项与选择工具，如图 2-6 所示。

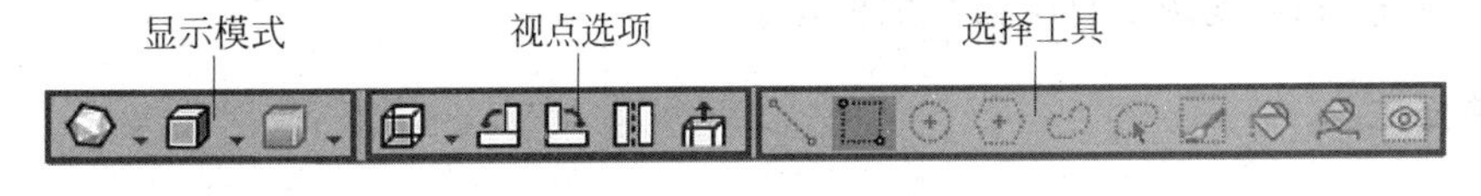

图 2-6 工具栏

1. 显示模式

1）面片显示

“面片显示”主要用来更改面片的渲染模式，其主要包括：

（1）“点集”：面片仅显示为单元点云；

（2）“线框”：面片仅显示为单元边界线；

（3）“渲染”：面片显示为渲染的单元面；

（4）“边线渲染”：面片显示单元边界线的渲染单元面；

(5)“曲率”：打开或关闭面片曲率图的可见性；
(6)“领域”：打开或关闭领域的可见性；
(7)“几何形状类型”：改变领域显示，将所有领域类型进行不同颜色的分类。
2）体的显示
“体显示”用来更改实体的显示模式，其主要包括：
(1)“线框”：仅显示物体的边界线；
(2)“隐藏线”：只显示物体的边界线，将边界线显示为虚线；
(3)“渲染”：只进行没有边界线的渲染；
(4)“渲染可见的边界线”：显示个体的面与可见的边界线。
3）精度分析
“精度分析”用于实体或曲面模型与原扫描数据进行比较。在建模命令或基准模式中将其激活，使用此命令进行建模决策，以取得最精确的结果，其主要包括：
(1)“体偏差”：比较实体或曲面与扫描件数据的偏差；
(2)“面片偏差”：比较面片与扫描数据的偏差；
(3)“曲率”：分析高曲率区域的实体或曲面；
(4)“连续性”：显示边界线连续性的质量；
(5)“等值线”：显示定义曲面的等值线；
(6)“环境写像”：在曲面上显示连续性的斑马线。

2. 视点选项

视点选项主要包括：
(1)“视点”：显示标准视图模型的视图，列出所有标准视图，即前视图、后视图、左视图、右视图、俯视图、仰视图、等轴侧视图；
(2)“逆时针方向旋转视图”：逆时针旋转模型视图 90°；
(3)“顺时针方向旋转视图”：顺时针旋转模型视图 90°；
(4)“翻转视点”：翻转当前视图方向 180°；
(5)“法向”：视图垂直于选择的曲面。

3. 选择工具

进行选择不同形状选项的切换，主要包括：
(1)“直线”：画直线选择屏幕上的要素；
(2)“矩形”：画矩形选择屏幕上的要素；
(3)“圆”：画圆选择屏幕上的要素；
(4)“多边形”：画多边形选择屏幕上的要素；
(5)“套索”：手动画曲线选择屏幕上的要素；
(6)“自定义领域”：选择用户选取部分的单元面；
(7)“画笔”：手动画轨迹选择屏幕上的要素；
(8)“涂刷”：选择所有连接的单元面；
(9)“延伸到相似”：通过相似曲率选择连接的单元面区域；

(10)“仅可见”：选择当前视图对象的可见性。

2.6　鼠标操作及热键

在 Geomagic Design X 中需要使用三键鼠标，这样有利于提高工作效率。鼠标键从左到右分别为左键(MB1)、中键(MB2)、右键(MB3)。

1. 鼠标控制

通过功能键和鼠标的特定组合可快速选择对象和进行视窗调节，表 2-1 所列为鼠标控制组合键。

表 2-1　鼠标控制组合键

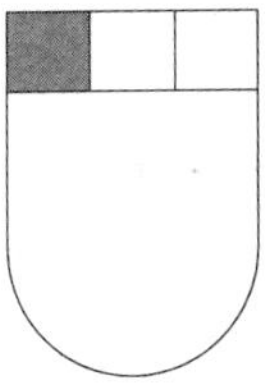	鼠标左键	◉选择按钮 ○工具条中更改标签 ○激活命令 ○选择和激活实体 ○单个或框选
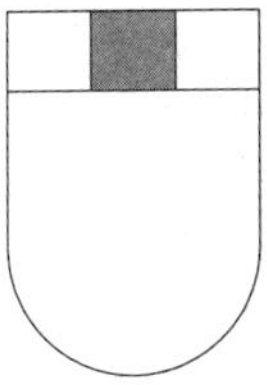	鼠标中键	◉滚轮 ○参考屏幕中心放大或者缩小，鼠标滚动向上增加放大倍数，鼠标滚动向下减小放大倍数 ◉按键 ○激活第二级鼠标按钮，可用于旋转零件
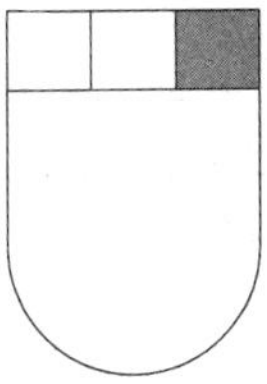	鼠标右键	◉旋转按钮 ○在屏幕上旋转零件视图 ◉上下文菜单 ○根据旋转实体选择常用命令 ○接受和退出命令
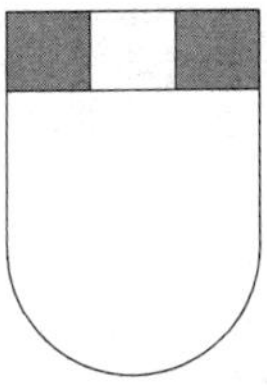	鼠标左键和右键	◉平移 ○在屏幕上横向移动

2. 快捷键

表 2-2 中列出的是默认快捷键。通过快捷键可迅速地获得某个命令,不需要在菜单栏里或工具栏里选择命令,节省操作时间。

表 2-2 快捷键

菜单	
命令	快捷键
新建	Ctrl+N
打开	Ctrl+O
保存	Ctrl+S
选择所有	Ctrl+A,Shift+A
反转	Shift+I
撤销	Ctrl+Z
恢复	Ctrl+Y
命令重复	Ctrl+Space
视图	
命令	快捷键
实时缩放	Ctrl+F
面片	Ctrl+1
领域	Ctrl+2
点云	Ctrl+3
曲面体	Ctrl+4
实体	Ctrl+5
草图	Ctrl+6
3D 草图	Ctrl+7
参照点	Ctrl+8
参照线	Ctrl+9
参照平面	Ctrl+0
法向	Ctrl+Shift+A

2.7 面板

面板包含了特征树面板、显示面板、帮助面板与视点面板,如图 2-7 所示。Geomagic Design X 重要的设置包含在这些面板里。面板可以被固定、隐藏、完全关闭或放置在屏幕任何位置。

提示:如果关闭了面板,但又想其可见,可右击底部的工具栏,从列表中选择相应的功能面板使其出现。

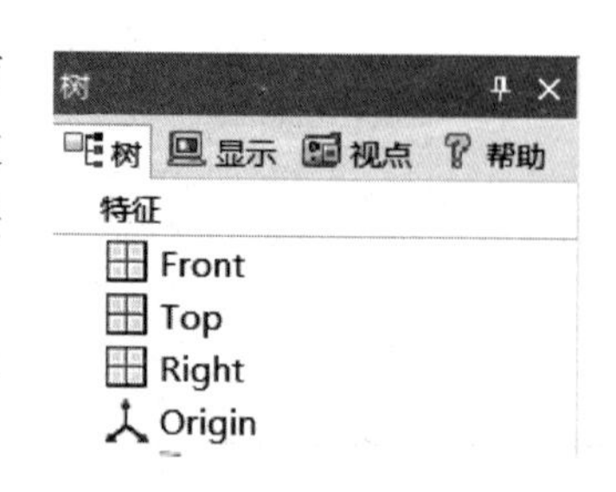

图 2-7 面板

1. 特征树

在快速工具栏中单击“打开”图标，从文件对话框选择 02-User Interface. xrl 并打开，如图 2-8 所示。

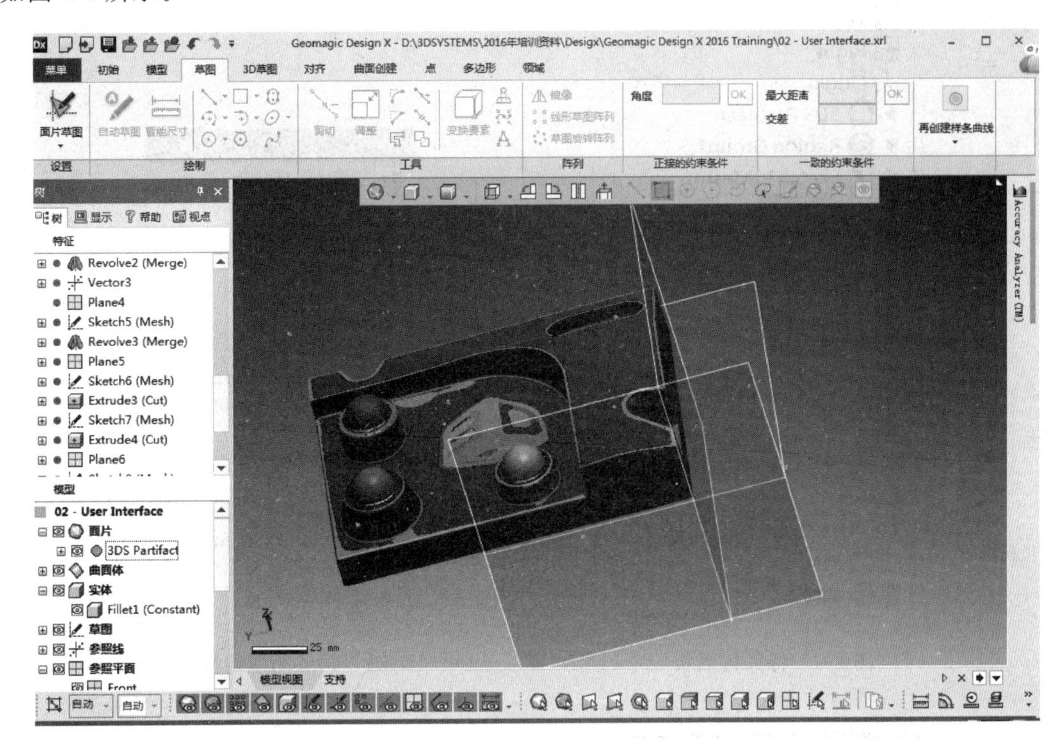

图 2-8　带特征树的模型数据

特征树追踪建模过程的历史参数，创建实体的每一个步骤按时间顺序被追踪，并可以编辑。在特征树中找到 Extrude 1，右击，可以获得右键菜单，如图 2-9 所示。

提示： 特征树面板是模型建立过程中必不可少的。上部分是功能特征树，下部分是模型特征树。功能特征树可以作为一个历史特征树，它列出创建模型的步骤。模型特征树列表显示当前模型中所包含的实体。

Geomagic Design X 具有基于模型的历史参数功能，可以对建模步骤进行编辑。建模历史点能被访问，功能特征树里的步骤可以被重新排列。

单击 Mesh Fit 1，并持续按住鼠标左键，将其拖动到 Extrude 1 上，如图 2-10 所示。

提示： 在拉伸步骤中，这个面片曲面可能被使用，因为它在拉伸步骤前已创建。在特征树里 Cut 1 上右击，并选择前移，此时，后面所有执行的步骤将被锁定不能编辑，并能查看此步骤前这个模型在特征树里的实体。右击选择后移至结束，返回到最后一步，如图 2-11 所示。

模型特征树列出了所存在的实体，控制零件的可见性。单击参考平面的“展开”按钮，查看模型里的所有平面。单击旁边的眼睛图标，关闭所有平面的可见性。分别单击前、上、右的眼睛图标，单个的隐藏平面被打开，如图 2-12 所示。

图 2-9 特征树面板

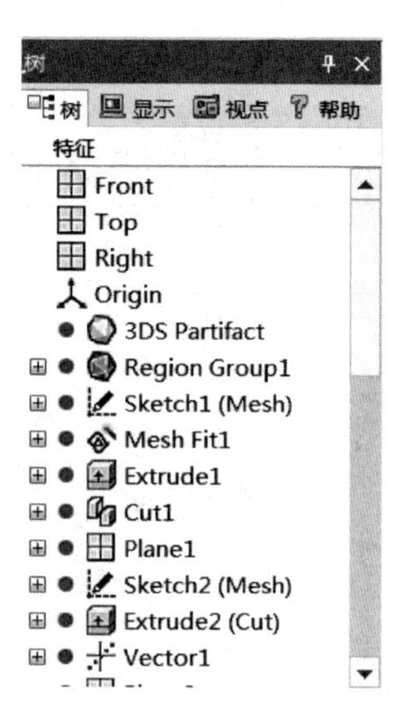

图 2-10 功能特征树

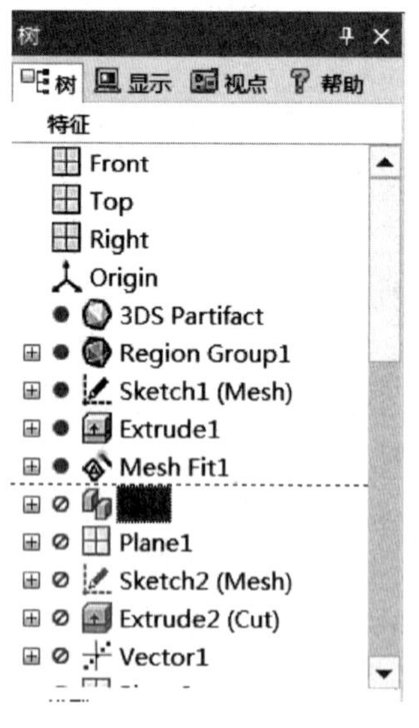

图 2-11 模型特征树

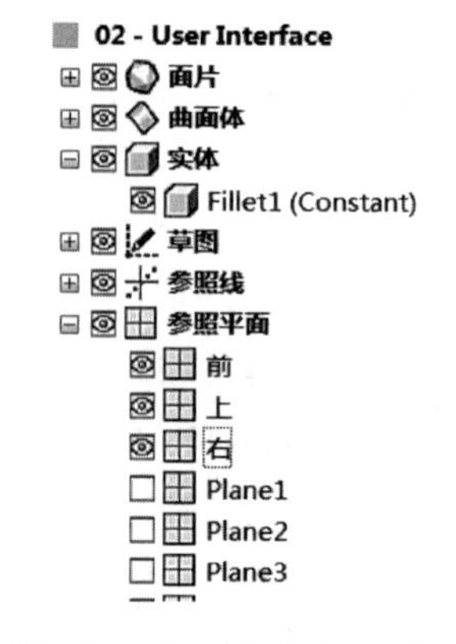

图 2-12 打开单个隐藏平面

2. “显示”面板

显示面板默认在特征树的旁边,包含了扫描数据和物体的显示选项,还包含了额外的视图和模型视图的显示数据。

(1) 单击特征树旁边的“显示”标签。通过勾选/移除“世界坐标系 & 比例”“背景栅格”“渐变背景”“标签”选项，切换模型视图的可见性，如图 2-13 所示；

(2)“一般”：可对当前显示状态的相关参数进行修改，如图 2-14 所示；

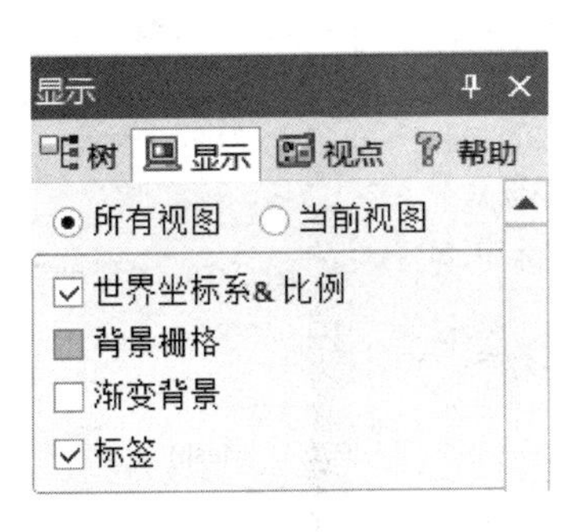

图 2-13　“显示”面板

图 2-14　“一般”对话框

(3)“面片/点云”：通过不同的方式去查看扫描数据，如图 2-15 所示；

(4)“领域”：查看所有领域类型，如图 2-16 所示；

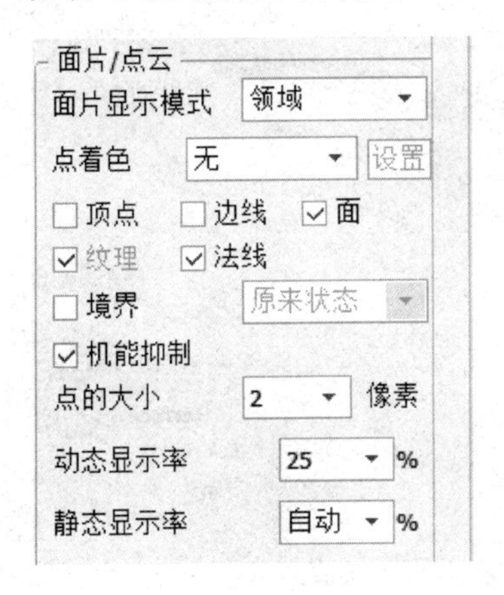

图 2-15　“面片/点云”对话框

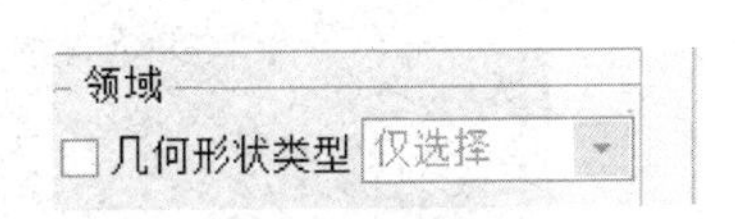

图 2-16　“领域”对话框

(5)“体”：查看曲面或实体，允许控制物体分辨率，如图 2-17 所示；

(6)“草图 &3D 草图”：通过具体的可见性选项选择草图组件，如图 2-18 所示。

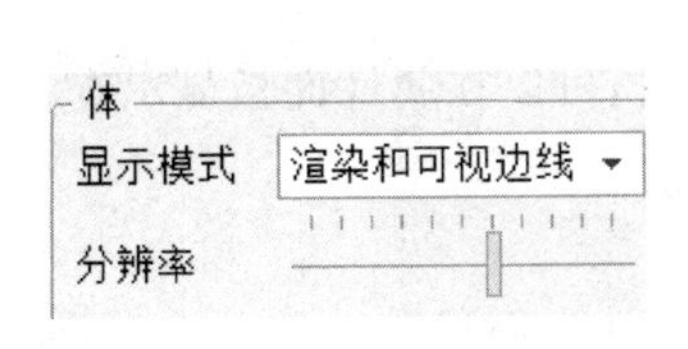

图 2-17　“体”对话框

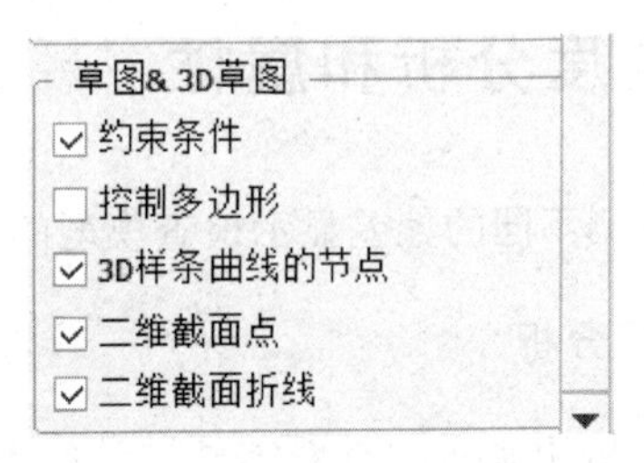

图 2-18　“草图 &3D 草图”对话框

3. “帮助”面板

“帮助”面板包含了一系列内容，可查找每一个主题命令的附加信息，Index 标签可供搜索。每一个帮助的内容包括说明这是什么工具，使用的好处以及怎么使用。所有工具的详细选项如图 2-19 所示。

提示：直接按 F1 键进入“帮助”菜单。

图 2-19 “帮助”面板

4. “视点”面板

“视点”面板可创建和编辑捕捉模型当下视图的状态。

(1) 创建模型视点旋转，缩放，打开/关闭模型的可见性，获得一个如图 2-20 所示的视图。

① 单击增加“视点”按钮，定义当前视点为视点 1。

② 旋转和缩放模型到不同的方向。

③ 选择“应用视角”按钮返回视点 1 状态。

图 2-20 “视点”面板

(2) 单击“重新定义视图”命令改变这个视点。

2.8 精度分析和属性

通过探测不同的偏差显示检查模型的准确性。同时，可以在属性面板显示查看其他信息。

1. 精度分析

精度分析用来实时查看零件设计的准确性，以彩色图谱显示 CAD 对比扫描数据偏差。

在这里可以设置不同的方式来显示表面的质量和连续性，也可以分析面片之间的偏差。在面板上可以设置计算选项。一旦应用“偏差”，便会出现一个控制公差值的颜色条。

（1）体和面片之间的偏差，选择体“偏差”旁边的单选按钮。

（2）调整零件的公差范围，双击绿色的 0.1，改变数值。改变上公差会自动改变下公差，将该值更改为 0.15，如图 2-21 所示。

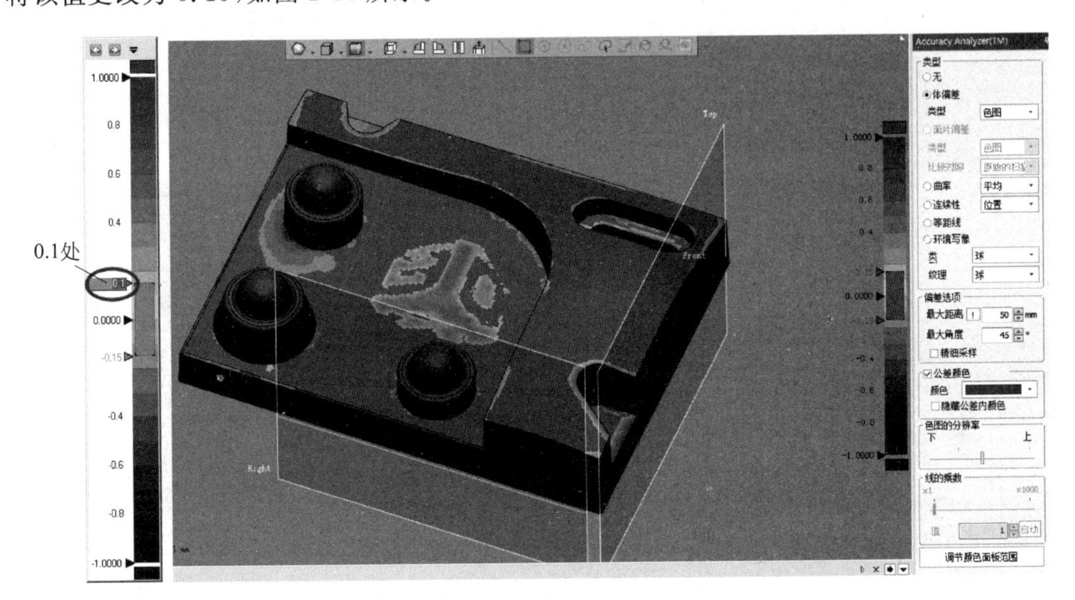

图 2-21 精度分析

（3）单击“精度分析”按钮，关闭精度分析。

2. “属性”面板

“属性”面板显示任何选定对象的信息，也可以改变一些属性，如图 2-22 所示。外观显示选项可以开启或关闭，也可计算出模型数据的体积、面积、重心等信息。

1）计算网格的体积

在特征树或模型树中选择 3DS Partifact 面片，在属性面板单击体积旁边的“计算”按钮 计算 。

提示：如果面片没有封闭，Geomagic Design X 将计算假设封闭形状的体积。

2）改变面片的颜色

（1）在绘图窗口上方的工具栏，单击“渲染”命令，改变面片为渲染显示模式。

（2）在模型树中，关闭“实体”旁边的眼睛，屏幕显示如图 2-23 所示。

（3）单击选择蓝色条码旁边的材料属性 材质 ，弹出材质对话框，如图 2-24 所示。

（4）通过选择其中一个颜色的圆圈，改变面片的颜色，单击 OK 接受，加载后模型颜色更改为所选颜色。

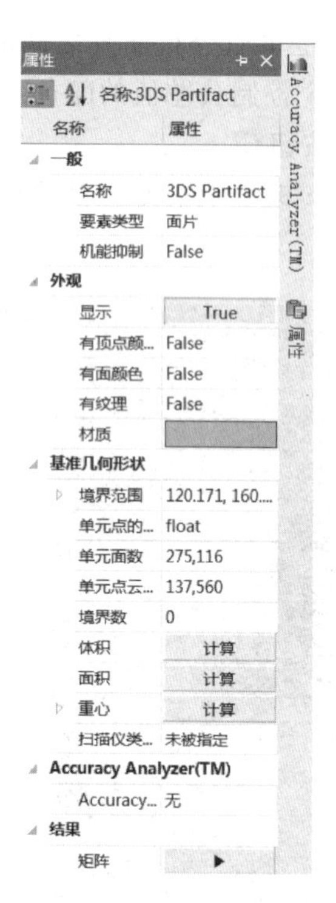

图 2-22 “属性”对话框

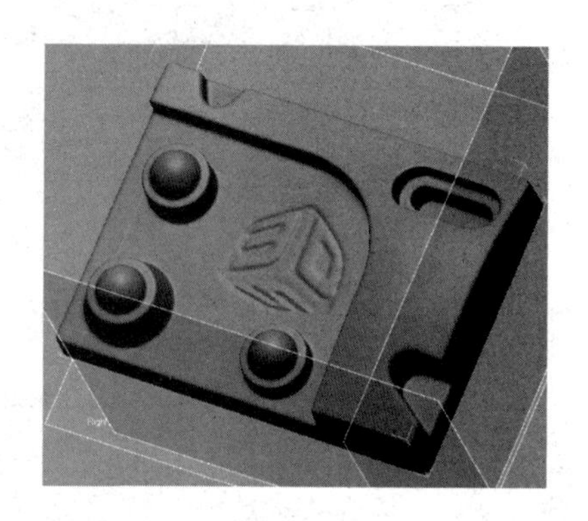

图 2-23 关闭 的屏幕显示

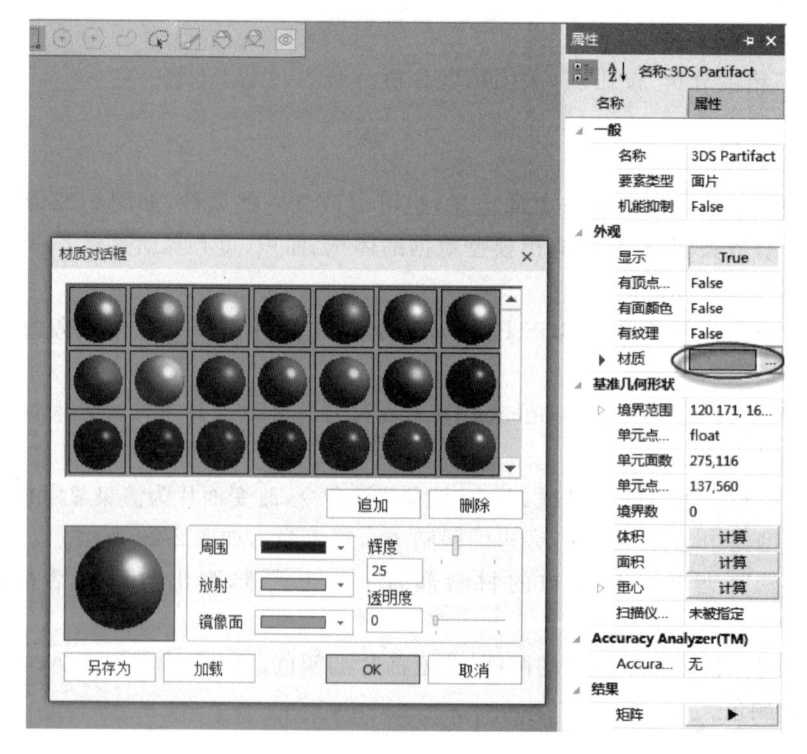

图 2-24 更换颜色

2.9 底部工具栏

底部工具栏包含隐藏与显示选项、过滤工具和测量工具，如图 2-25 与表 2-3 所示。

隐藏与显示 过滤器 测量工具

图 2-25 底部工具栏

表 2-3 底部工具栏命令

可见性：打开和关闭对象的可见性		过滤器：激活选择过滤器，用户只能选择允许对象类型	
命令	图标	命令	图标
面片(Ctrl+1)		面片/点云	
领域(Ctrl+2)		领域	
点云(Ctrl+3)		单元面	
曲面体(Ctrl+4)		单元点云	
实体(Ctrl+5)		面片境界	
草图(Ctrl+6)		实体	
3D 草图(Ctrl+7)		面	
参照点(Ctrl+8)		环形	
参照线(Ctrl+9)		边线	
参照平面(Ctrl+0)		顶点	
参照多段线		参照几何	
参照坐标系		草图	
测量		约束条件	
		清除所有过滤器	

测量工具栏用于测量已显示的模型视图上任何对象之间的尺寸，主要包括：

(1)“测量距离”：测量两要素间的直线距离；

(2)“测量角度”：测量两要素间的角度尺寸；

(3)“测量半径”：测量圆形的半径或选择要素上三个点来测量半径；

(4)“测量断面”：暂时在一个或多个要素之间创建断面，以采用 2D 形式测量距离；

(5)“面片偏差”：测量面片或点云间的偏差。

提示：“世界坐标”显示全局坐标系的方向以及模型的比例尺。

2.10　常用对话框控制命令图标

Geomagic Deign X 对话框会出现一些常用的控制，本节对其进行描述。

(1) OK ：接受对对话框中复选标记的任何更改并退出对话框，检查一个阶段，也表示应用。

(2) Cancel ：放弃对话框中的任何更改并退出对话框。

(3) "锁定对话框"：选项被选中时，用户单击"OK"后该命令仍能够再次使用。

(4) "预览"：允许用户看到命令运行后有什么变化。

(5) "下一阶段"：进入当前命令的下一阶段操作。

(6) "前一阶段"：返回上一个阶段进行更改。

(7) "终止"：中断前一个命令的执行。

(8) "估算"：通过参考周围面片的曲率变化，对相关参数进行估算，如圆角等。

(9) "选择要素"：黄色的矩形框提示用户选择相应的要素类型，如扫描数据、参考几何、CAD 曲面，且多种选择可以在一个命令完成。如果在矩形框左边有一个垂直的红色条纹，则表明一个要素已经被选择。

(10) "重置"：删除所有选择的要素。

(11) "解除最后要素的选择"：删除最后一个选定的要素。

(12) "上卷组"：单击组标题向下箭头时收起，单击任何一个卷起组标题将扩大和显示额外的对话框。

2.11　环境菜单

1. 用户界面的环境菜单

用户界面的环境菜单用于快速添加和重新排序任何命令。右击上工具栏的空白处出现环境菜单选项，如图 2-26 所示。

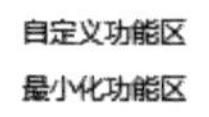

自定义功能区
最小化功能区

图 2-26　修改环境菜单

2. 模型视图环境菜单

右击任何对象或空白模型视图将激活一个操作菜单，不同的选择产生不同的要素菜单，如图 2-27 所示。

其主要功能包括：

(1) 立即进入草图模式；

(2) 快速启动一个精灵命令；

(3) 通过常见的草图工具切换；

(4) 轻松地应用和取消命令。

图 2-27　右键激活快捷菜单

3. 树环境菜单

右击任何要素、特征或特征树中打开一个关于要素的环境菜单，通常这是编辑或更改可见性状态最简单的方法，如图 2-28 与图 2-29 所示。

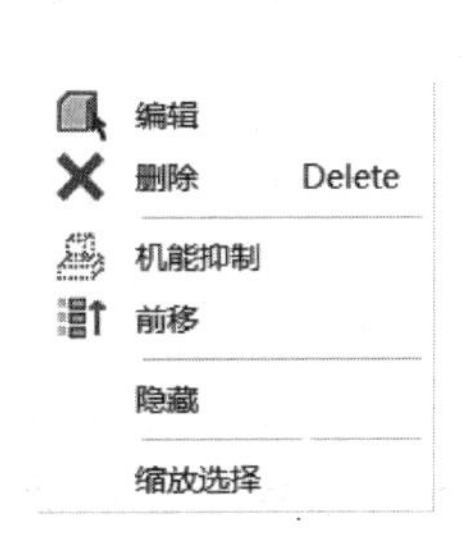

图 2-28　右击特征树

图 2-29　右击模型树

提示：相关命令解释如下：

(1)“编辑”：编辑一个命令或草图；

(2)“机能抑制”：抑制一个要素的建模历史；

(3)“前移”和“后移”：前移、后移一个特定时间点的模型；

(4)“隐藏”和“显示”：隐藏和显示对象的可见性；

(5)“输出…”：输出单个要素为一个通用的文件格式。

2.12　应用实例

1. 打开/导入文件

启动 Geomagic Design X 软件，选择菜单“文件”→“打开”命令或单击工具栏上的“打开”图标，系统弹出打开文件夹对话框，选择文件 User Interface. xrl，单击打开按钮打开(O)，如图 2-30 所示。

图 2-30　打开文件

2. 仅显示面片数据

打开后绘图窗口显示如图 2-31 所示，在底部工具条的隐藏与显示命令当中，单击“领域”与“实体”，使绘图窗口仅显示面片数据，如图 2-32 所示。

图 2-31　02 - User Interface 数据

图 2-32　仅显示面片数据

3. 选择单元面

单击矩形“选择模式”图标，将光标放在对象上，按住鼠标左键，拖动光标定义第二角落选择区。移动光标时，选中的矩形区域是可见的。释放鼠标左键，高亮显示选择的单元面区域，如2-33所示。

4. 取消部分之前选择的单元面

按住Ctrl键，鼠标左键在高亮显示区域选择欲取消的区域，释放Ctrl键之前，释放鼠标左键，如图2-34所示。

图2-33　矩形模式选择

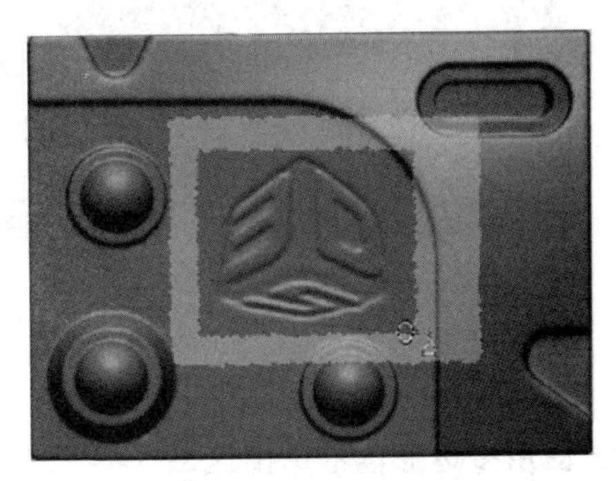
图2-34　取消单元面

5. 增加更多的单元面

按住Shift键，选择面片其他区域，如图2-35所示。

6. 使用直线、圆、多边形、套索与涂刷选择模式选择或删除其他区域

从模型视图对象上的上方工具栏选择工具。按住Del键删除选择的区域，按Shift键或按Ctrl键添加和移除选中的部分数据，如图2-36所示。

提示：仅在多边形对象上直线选择工具才能被激活。按Shift键或按Ctrl键添加和移除选中的部分数据，按Ctrl+Z组合键恢复最近删除的区域。

图2-35　增加单元面

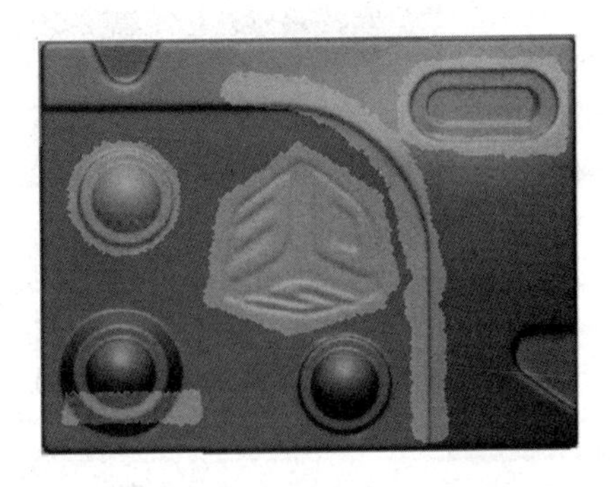
图2-36　多种方式选择区域

7. 使用贯穿模式选择区域

在上方工具栏上取消"仅可见"图标，在对象上使用矩形选择工具选择一个区域。旋转对象四周，选择视图另一面。关闭"仅可见"，使当下选择工具影响选择边界内的所有区域，而不仅仅是屏幕上可见的，如图 2-37 所示。

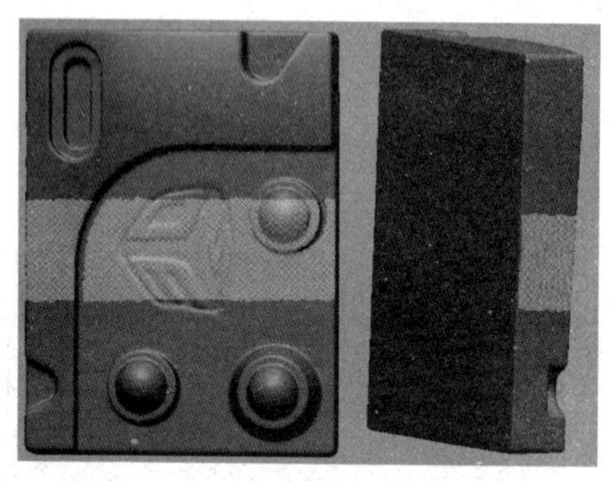
(a)"仅可见"模式

(b) 贯穿模式

图 2-37 贯穿模式选择区域

8. 使用多边形选框选择区域

从上方工具栏，选择"多边形选择"工具创建一个多边形点集，单击后，会出现一条边界线，多边形选择定义最后一个点，移动光标到最后的位置，此过程的最后右击或双击，完成选择，如图 2-38 所示。轻微旋转对象，查看选择的数据，在空白的地方双击，清除选择。

图 2-38 多边形模式选择区域

9. 使用选择延伸到相似工具选择区域

选择"延伸到相似选项"工具去选择相邻相似曲率的三角面片数据，单击半球状面片数据区域，曲率相同的面片数据将会被选择，如图 2-39 所示，按 Esc 键取消选择。保存退出。

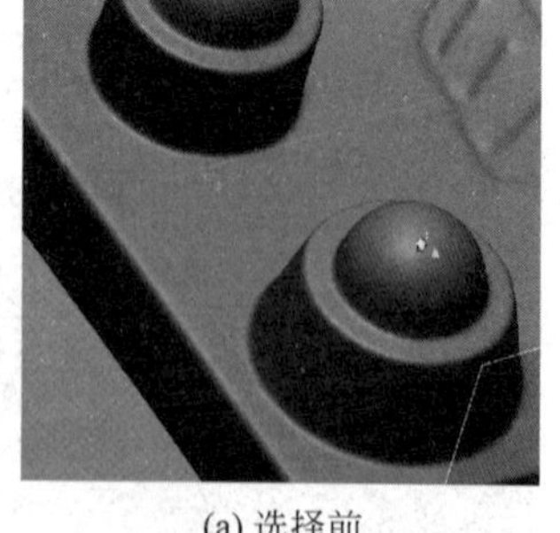
(a) 选择前

(b) 选择后

图 2-39 延伸到相似选择区域

第3章

Geomagic Design X点阶段处理技术

3.1 Geomagic Design X 点对象处理简介

在 Geomagic Design X 软件中，对点云的处理是整个逆向建模过程的第一步，点云数据的处理结果会直接影响后续建模的质量。在数据的采集中，由于随机(环境因素等)或人为(工作人员经验等)的原因，会引起数据的误差，使点云数据包含杂点，造成被测物体模型重构曲面的不理想，从光顺性和精度等方面影响建模质量，因此需在三维模型重建前进行杂点消除。为了提高扫描精度，扫描的点云数据可能会很大，且其中会包括大量的冗余数据，应对数据进行采样精简处理。为了得到表面光顺的模型，应对点云进行平滑处理。由于模型比较复杂巨大，一次扫描不能全部扫到，就需要从多角度进行扫描，再对数据进行拼接结合处理以得到完整的点云模型数据。

Geomagic Design X 软件中对点云的处理包括点云的优化、编辑、合并/结合、单元化、向导。其中点云的优化与合并/结合在点阶段使用比较频繁，特别是杂点消除、采样、平滑、合并/结合等命令。点云处理的主要思路为：第一步，导入点云数据；第二步，对点云数据进行杂点消除；第三步，按照一定比例进行采样；第四步，对精简后的数据进行平滑处理；第五步，三角面片化，把点云封装成三角面片。如果点云是由多片点云组成，最后还要进行结合或者合并操作。

为了便于点云操作的讲解，下面简单介绍一下点云的相关基本知识。

1. 点云简介

点云是由一组三维坐标点组成的有代表性的数据类型。每一个点都被定义了 X、Y、Z 坐标值，并且对应了其在物体曲面上的位置，如图 3-1 所示。在计算机中可直接看到点云，但是多数 3D 软件中都不能直接使用。点云通常需要经过面片建模、逆向设计等过程将其转化为面片模型。

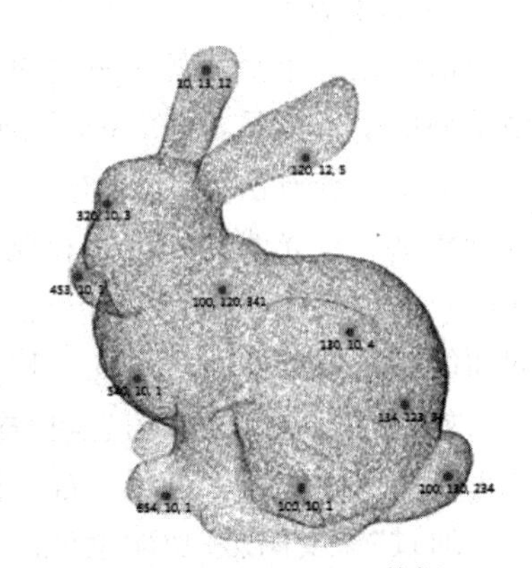

图 3-1　兔子的点云数据

2. 不同数据类型的点云

所用的扫描仪决定了扫描仪生成文件的类型。以下是根据点云内部结构而划分的不同类型点云。

1）随机类型的点云

这种类型的点云包含的仅是随机位置的信息（点之间无关联），可以追加基本信息，如颜色和基准数据。一般来说，中性数据（ascii 格式）或 CMM 数据属于这种类型，如图 3-2 所示。

2）网格类型的点云

该类型的数据是从扫描仪获得的网格中提取的。点标记有 *X*-*Y* 指数，每个指数在扫描方向上都有一个深度。这种扫描数据的类型可以看作是使用投影方向和扫描位置的 2.5D 照片（照片＋每个像素的距离）。一般结构较轻且扫描范围较大的扫描仪会生成这种类型的点云。将网格点云投影到扫描仪使用的平面坐标系、圆柱坐标系、球形坐标系中，可将其轻松地转换为面片，如图 3-3 所示。

3）线性点云

一般来说，有臂式装置的激光扫描仪或手持式扫描仪会生成线性点云。这种设备每秒钟发射几十条射线，通过扫描追踪物体曲面来生成点云。点云的密度取决于线的方向与扫描的速度，因此对这些点云进行后期处理就很困难，如图 3-4 所示。

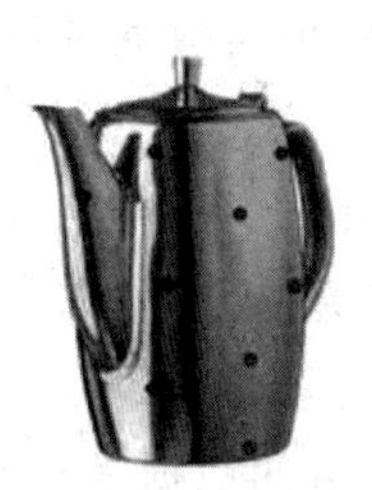

图 3-2 随机类型的点云

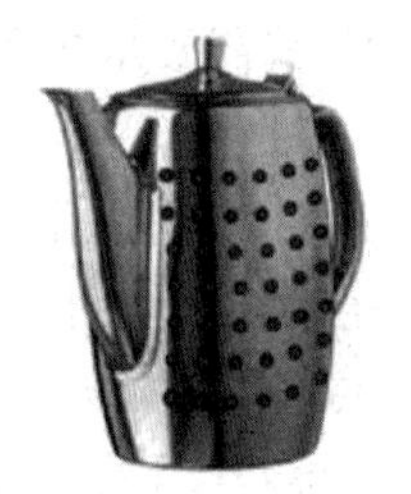

图 3-3 网格类型的点云

图 3-4 线性点云

4）带有法线的点云

法线是一个平面的垂直向量。在圆形曲面中，法线就是圆形曲面上某一位置的三角网格平面的垂直向量，如图 3-5(a)所示。

如果点云有法线信息，对于一个模型的可视化来说非常有用。利用法线信息就可以通过分析某一点光线的入射角和反射角来对模型进行阴影处理。法线信息也可以用来判断曲面的正面和反面。特别是对于检测软件来说，精确地查找计算扫描数据和 CAD 数据之间的面组是非常重要的。图 3-5(b)显示的是在此软件中的阴影点云。

如果点云没有法线信息，扫描数据将会是仅有一种颜色的一组点。使用这种扫描数据来工作和识别特征将会很困难。图 3-5(c)显示的就是没有法线信息的点云。

通过“深度阴影”功能也可以看到没有法线信息的点云，但是效果没有带有法线信息的点云好。在视图方向关系上，近处的点为黑色，远处的点为灰色。虽然这种方式不能分辨出曲面的正面和反面，但是比没有阴影的显示方式在提取特征方面要强得多。图 3-5(d)显示的是没有法线信息的点云在深度阴影方式下的状态。

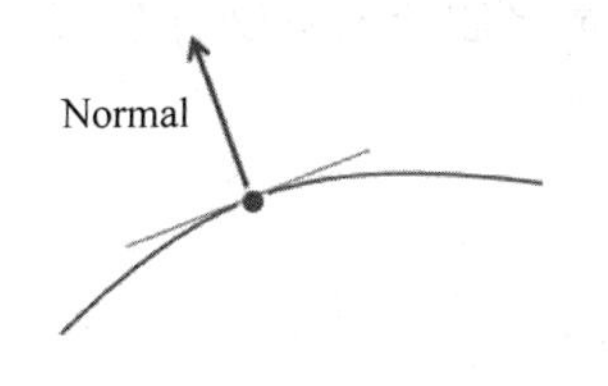

(a) 带有法线的点云

(b) 显示带有法线信息的点云

(c) 显示没有法线信息的点云

(d) 显示没有法线信息的点云——深度阴影

图 3-5　有法线和无法线的点云

3. 点云纹理

点云中的每个点不只有三维坐标信息，还有红、绿、蓝颜色信息。Geomagic Design X 将此颜色信息作为纹理(见图 3-6)。带有颜色信息的点云可以创建逼真的视觉效果，并帮助用户识别复杂的特征。具有纹理的点云能够使后续工作流程效率更高、更轻松。

(a) 有纹理的点云

(b) 没有纹理的点云

图 3-6　点云纹理

3.2　Geomagic Design X 点对象处理的主要操作命令

1. "点"菜单简介

点数据处理的主要操作命令在"点"菜单下，分别有优化、编辑、合并/结合、单元化、向导 5 个工具栏，如图 3-7 所示。

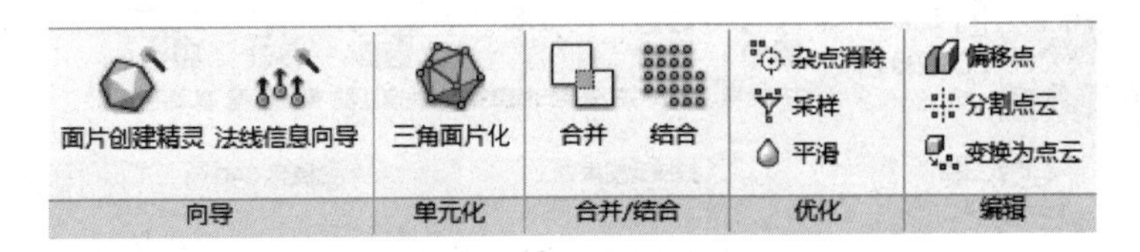

图 3-7　"点"操作工具栏

1) "优化"工具栏

在不移动点的情况下，对点云进行优化——杂点消除、采样、平滑处理以得到最佳的点云数据。

(1)“杂点消除”：杂点消除是指从点云中清理杂点群或者删除不必要的点。

(2)“采样”：根据曲率、比例或距离减少点云中的总点数。

(3)“平滑”：降低点云外部形状粗糙度的影响。

2)“合并/结合”工具栏

在片点云的情况下，将点云整合为一片完整点云或者三角面片。

(1)“合并”：合并多个点云来创建一个单独面片，将有效移除重叠区域并将相邻境界缝合在一起。

(2)“结合”：结合多个点云或者面片来创建一个单独要素。

3)“编辑”工具栏

将实体转变为点云或者存在单元点云情况下对点云进行偏移、分割操作。

(1)“偏移点”：沿原始点云的法线将所有点移动固定距离以创建新点云。

(2)“分割点云”：将一个点云分割成多个要素。

(3)“变换为点云”：利用体、面或者曲线要素创建点云(这个功能在存在体的时候可用)。

4)“单元化”工具栏

单元化命令用于将点云转换为具有几何形状信息的3D面片模型。

“三角面片化”：通过连接3D扫描数据范围内的点创建单元面，以构建面片。对象可以是整个点云，也可以是点云中的一部分参照点。

5)“向导”工具栏

向导命令应用于点云法线信息更改与面片创建精灵的操作。

(1)“面片创建精灵”：用于根据多个原始3D扫描数据创建面片模型的向导类型界面，该命令由5个步骤组成，可以迅速创建已合并的面片。

(2)“法线信息向导”：管理模型中点的法线信息，重新生成并编辑法线信息或反转点的法线方向。

2. “对齐”菜单简介

在处理多片原始点云时，需要用对齐菜单栏下的扫描数据对齐功能完成点云数据的拼接，如图3-8所示(此处只介绍扫描到扫描的点云对齐功能)。

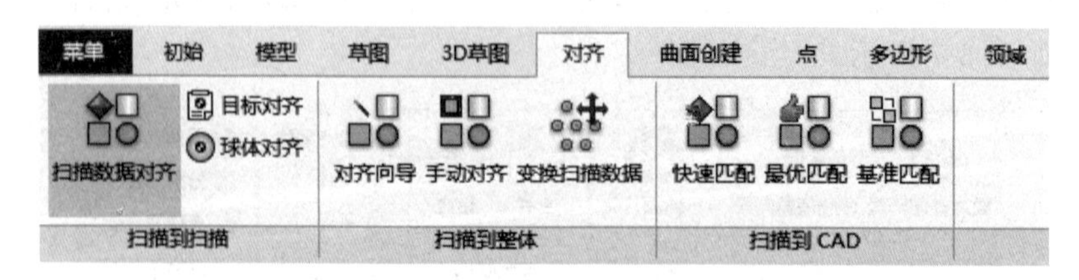

图3-8 “对齐”菜单栏

“扫描到扫描”工具栏：该命令应用于将扫描数据(面片或点云)对齐到另外一片扫描数据。

（1）“扫描数据对齐”：将面片（或点云）对齐其他面片（或点云），对齐方法包括自动对齐、拾取点对齐和整体对齐。当工作区中存在两个或两个以上的面片（或点云）时激活本命令。

（2）“目标对齐”：对指定文件夹的扫描数据进行对齐，当该文件夹内的扫描数据更新时可实现模型的实时自动对齐。

（3）“球体对齐”：通过匹配对象中的球体数据，实现粗略对准多个扫描数据。

3.3　应用实例

扫描设备采集的点云数据，一般是大量冗余数据且存在噪声点，应通过杂点消除将扫描仪采集到的不必要的点清理掉，用采样降低点云的密度，用平滑来降低点云中外侧形状的粗糙度，使其更加平滑。面对大体积或复杂的物体，扫描设备难以一次性采集到物体的完整数据，因此要从不同的方向和位置对物体进行多次分区扫描，从而产生物体的局部数据，这就需要对各个局部数据进行拼接对齐，以得到物体完整的点云数据。

1）应用目标

把点云数据转变为高质量的多边形对象，提高和优化点云对象以便于接下来的建模处理。在实例中主要对点对象处理的基本命令与点的对齐功能进行介绍，介绍载体为一个人脚模型，最终得到一个多边形对象。

2）应用命令

本例需要运用的主要命令：

（1）“点”→“杂点消除”；

（2）“点”→“采样”；

（3）“点”→“平滑”；

（4）“对齐”→“扫描数据对齐”；

（5）“点”→“结合”；

（6）“点”→“三角面片化”。

3）应用步骤

（1）从原始点云数据分离出有用的点云数据，去除冗余杂点；

（2）根据曲率、比例或距离减少点云中的总点数；

（3）降低点云外部形状粗糙度的影响；

（4）精简后的点云进行数据对齐创建完整扫描数据；

（5）结合多片点云创建一个单独的点云数据；

（6）点云面片化创建多边形。

1. 打开“jiao.asc”文件

启动 Geomagic Design X 软件，单击快速访问工具栏中的“导入”按钮，系统弹出“导入文件”对话框，查找光盘点云数据文件并选中 jiao1、jiao2、jiao3 三个点文件，然后单击“仅导入”按钮。脚的点云数据导入结果如图 3-9 所示。以 jiao1 为例对点云进行杂点消除、采样、平滑处理。

2. 杂点消除

以 jiao1 点云数据为例介绍点云里面关于杂点消除的操作。在处理之前先把 jiao2、jiao3 的点云数据隐藏，便于观察 jiao1 的点云。选择“点”→“杂点消除”命令，弹出“杂点消除”对话框，如图 3-10 所示。“目标”选择整个 jiao1 点云，勾选“过滤噪音点云”(本软件中以“噪音”表示“噪声”)，数值设置为 100，单击 OK 按钮，小的杂点云即从原始点云中删除。杂点消除后的结果如图 3-11 所示。

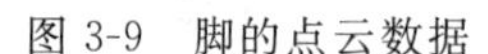

图 3-9　脚的点云数据

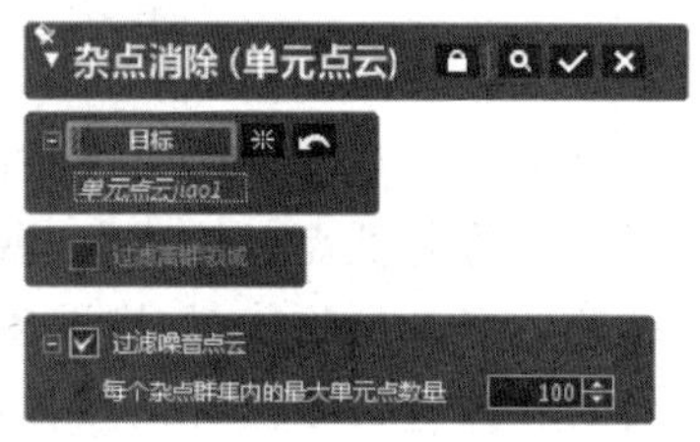

图 3-10　“杂点消除”对话框

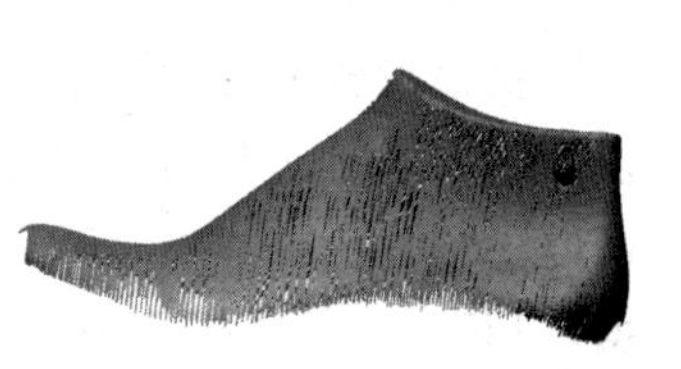

图 3-11　杂点消除结果图

杂点消除对话框主要选项说明如下：

(1) “目标”：选择需要处理的点云，存在多片点云时选中的点云会在目标栏下方显示“单元点云……”，比如上面选择的 jiao1 点云。如果想重新选择点云可以单击目标右边的※，或者单击※右边的撤回箭头，一步步撤销直至得到满足要求的点云。

(2) “过滤离群区域”：设置一个理想区域，删除在定义区域外的所有点。

① 用包装盒过滤：将理想区域定义为有体积的长方体(见图 3-12)。

(a) 定义长方体

(b) 过滤杂点后

图 3-12　包装盒过滤实例

② 用扫描范围过滤：将理想区域定义为有体积的圆柱。如果使用此选项，将会自动将视点与俯视图方向对齐(见图 3-13)。

(3) “过滤噪音点云”：设置每个杂点群的最大单元点数。

(4) “每个杂点群集内的最大单元点数量”：设置每个杂点群集内的最大单元点数量。

注：杂点群集是由单元点之间的平均距离决定的，如果杂点群集内包含的单元点数量小于指定数值，该杂点群集就会被删除。

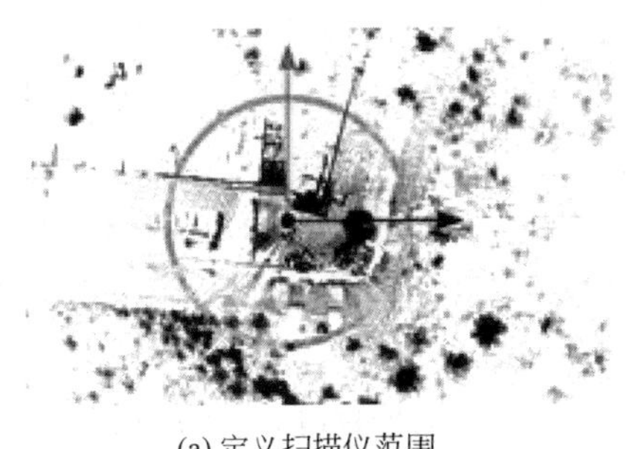

(a) 定义扫描仪范围

(b) 过滤杂点后

图 3-13 扫描范围过滤实例

3. 采样

“采样”命令是根据曲率比例、距离来减少模型的单元数量。选择“点”→“采样”命令，弹出“采样”对话框，如图 3-14 所示。“目标”选择整个 jiao1 点云，“方法”选择“统一比率”，“采样比率”设置为 90%，勾选“保持边界”单击 OK 按钮。采样处理完后的结果如图 3-15 所示。

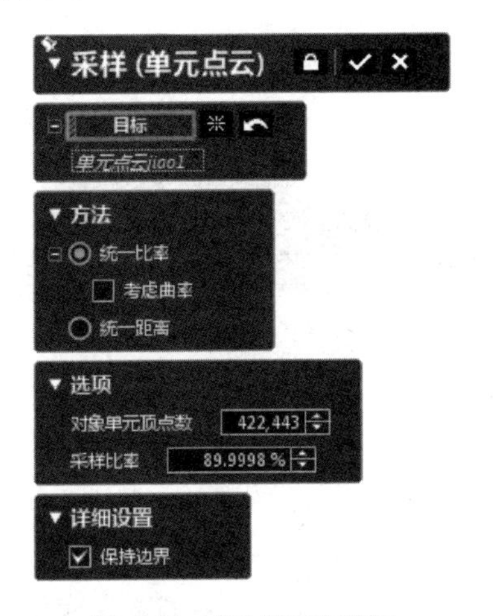

图 3-14 “采样”对话框

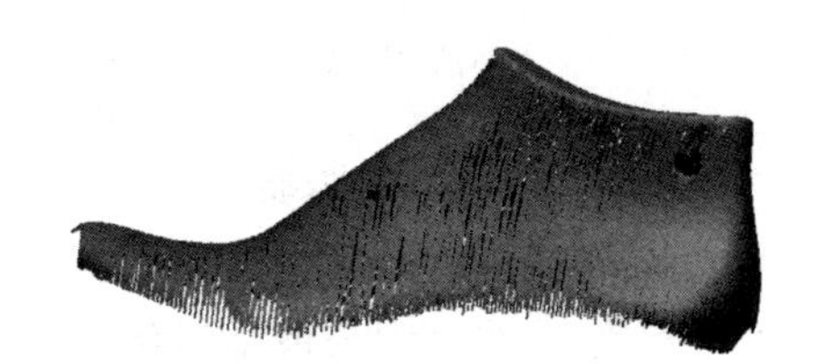

图 3-15 采样结果图

“采样”对话框主要选项说明如下：

1）“方法”栏

“方法”栏中有统一比率和统一距离两种方法。

(1)“统一比率”：使用统一的单元点比率减少单元点的数量。

“考虑曲率”：根据点云的曲率流采样点云，使用此选项，对于高曲率区域采样的单元点数将比低曲率区域的少，因此可以保证曲率流的精度。

(2)“统一距离”：减少单元点的数量，因此可以使用平均距离统一布局单元点。此方式可删除多余的单元点，构建点云栅格类型。

单元点间的平均距离：设置单元点间的平均距离，单击“估算”按钮，可以估算平均距离。使用“测量距离”或“测量半径”选项，可以手动设置距离或半径。单击“测量距离”按钮，选择两个单元点，可以测量单元点间的距离。单击“测量半径”按钮，单击三个单元点，可以测量孔的半径。

2）“选项”栏

“选项”栏中可以设定单元点具体数目和比率。

(1) “对象单元顶点数”：设置在采样后留下的单元点的目标数量。

(2) “采样比率”：使用指定的数值采样数据点。若比率设置为 100%，就会使用全部选定的数据；若设置为 50%，只会使用选定数据的一半。

详细设置栏里面可以设定采样过程中是否保持点云数据的边界，勾选后就会保留境界周围的单元点。

4. 平滑

平滑命令可以降低点云外部形状的粗糙度。选择“点”→“平滑”命令，弹出“平滑”对话框，如图 3-16 所示。“目标”选择 jiao1，“强度”选择“最大”，“平滑程度”选择“适中”，勾选“许可偏差”“不移动境界线”，单击 OK 按钮完成命令。平滑处理完后的结果如图 3-17 所示。

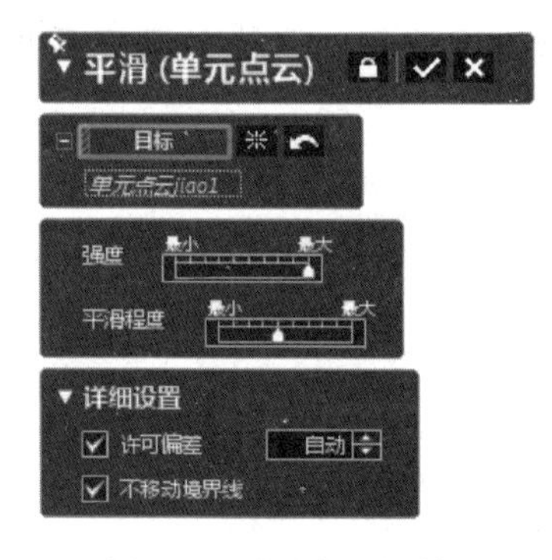

图 3-16　“平滑”对话框

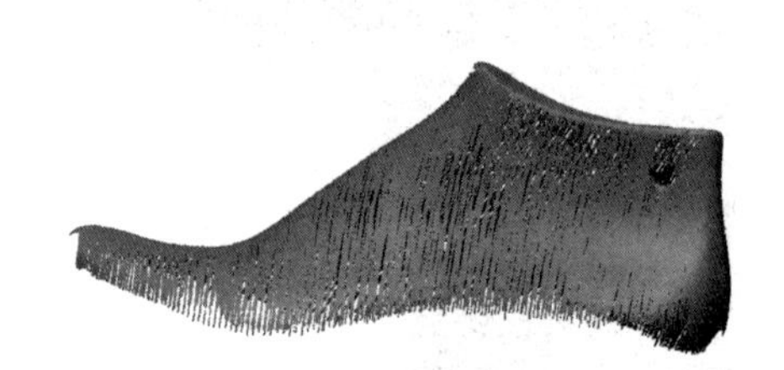
图 3-17　平滑结果图

“平滑”对话框主要选项说明如下：

(1) “强度”：在最大与最小间移动滑块，调整平滑度的权重。

(2) “平滑程度”：在最大与最小间移动滑块，调整平滑程度。

(3) “许可偏差”：设置许可偏差范围，平滑过程中在许可偏差内限制单元点的变形。

(4) “不移动境界线”：保持境界周围的单元点。

5. 扫描数据对齐

扫描数据对齐命令是根据几何特征形状信息，可将由不同扫描方向得到的两个或多个 3D 扫描数据进行对齐。选择“对齐”→“扫描数据对齐”命令，弹出“扫描数据对齐”对话框，如图 3-18 所示。“方法”选择“手动对齐”，“参照”选择 jiao1 点云，“参照显示框”里面会出现 jiao1 点云的模型视图，“移动”选择 jiao2 点云，“移动显示框”会出现 jiao2 点云模型视图，勾选“最优匹配对齐”。然后依次把 jiao1 和 jiao2 点云模型摆正，分别选取两个点云模型相同位置的数个点(至少三个)，如图 3-19 所示。单击“方法”右侧的 OK 按钮完成 jiao1、jiao2 的对齐，对齐后的效果如图 3-20 所示。以同样的方法将剩余的 jiao3 点云与上一步得到的点云数据进行再次对齐，最终得到手动对齐后的三块点云。

注：在选择图中的三个点的过程中，错选或者选择不当时可以使用快捷键 Ctrl+Z 撤

销,然后重新选择。

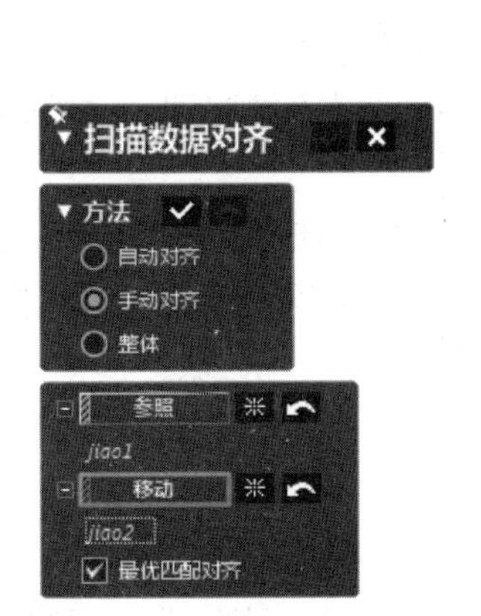

图 3-18 “扫描数据对齐”对话框

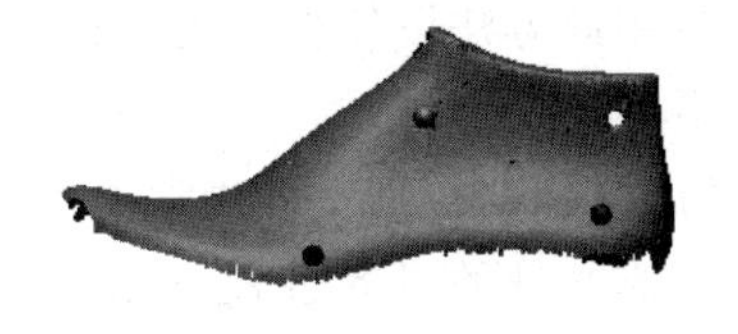

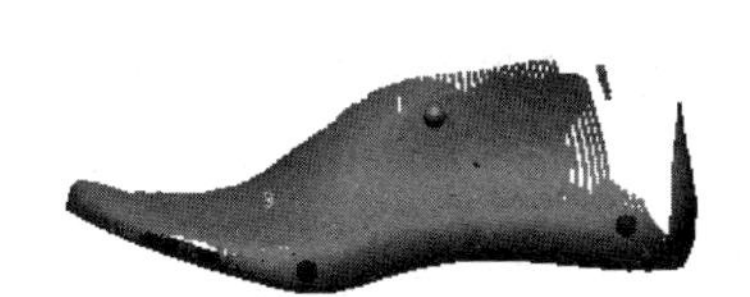

图 3-19 选取相同位置的三点

图 3-20 jiao1、jiao2 对齐结果

经过手动对齐后的点云数据还需再进行一次更精确的对齐——整体对齐。在扫描数据对齐对话框里“方法”选择“整体”,“移动”选择手动对齐后的三片点云,单击运行按钮,得到整体对齐后的点云,如图 3-21 所示。

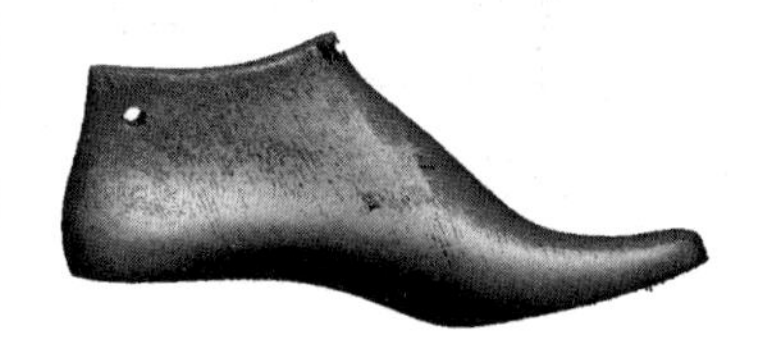

图 3-21 整体对齐后的点云

扫描数据对齐对话框主要选项如下:

此命令有三种方法:自动对齐、手动对齐、整体。

(1)“自动对齐”:根据几何特征形状自动对齐扫描数据(注:如果想对 3D 扫描数据运行该命令,目标 3D 扫描数据应当含有子要素)。

①“参照”:选择扫描数据来定义参照要素。

②“移动”:选择扫描数据来定义移动要素。可选择一个或多个要素作为移动来执行此命令。

③“设置”:调整操作设置。将滑块移动到“速度”,可快速对齐扫描数据,如果失败,将滑块移动到“品质”。

④“如果特征在重叠区域是充分的”:如果扫描数据在重叠的区域是充分的,使用此选项。如果重叠的区域是平坦的或是没有特征很平滑,不要使用此选项。

⑤“对齐顺序”:如果目标扫描数据是按一定的扫描顺序得到的,使用此选项可以得到更精确的对齐结果。

⑥“名称”:按照名称顺序。

⑦“选择”:按照选择顺序,可在“移动”列表框下的“向上”和“向下”箭头来改变选择顺序。

⑧“移动组内的数据部对齐”:使用扫描组进行对齐。

(2)“手动对齐”:使用相应的点手动对齐扫描数据。选择扫描数据作为“参照”和“移动”,在“参照”和“移动”窗口内选择相应的点,需要定义参照和移动要素相应的点才可以运行此命令。如果“自动对齐”失败或者扫描数据需要手动对齐时可以使用此方法。

“最优匹配对齐”:在运行“手动对齐”后,对已定义的相应点周围运行最优匹配对齐。

(3)“整体”：根据特征形状信息，使用重叠区域最低的偏差值来对齐扫描数据。在运行“自动对齐”或“手动对齐”后使用此方法以便得到更加精确的对齐结果。

① “部分”：选择扫描数据作为部分要素。

注：需要至少从两个不同的3D扫描数据文件中选择参照点作为“部分”，才可以运行该命令。选择的部分参照点用于计算文件的对齐过程。在对齐之后，会在控制面板中显示整体对齐的结果，如平均值、标准偏差、RMS。

② “采样率”：使用指定的值采样数据点。若设置为100%，就会使用所有选定的数据；若设置为50%，就会使用选定数据的一半。一般采用“自动”或者单击“估算”命令得到具体数值。

③ “最大重复次数”：设置最大重复次数，一般可采取默认值。

④ “最大平均偏差”：设置最大平均偏差，也可以采取“自动”。

注：最大重复次数和最大平均偏差选项互相影响。例如，如果对齐过程中这两个选项都选择，只有当定义的最大平均偏差在最大重复次数内合适时，才会执行对齐命令。

⑤ “仅适用微量转换”：重叠区域假设将会对齐得很好或者由于锁定特征形状导致对齐困难时，仅适用微量转换。

⑥ “仅使用可靠的扫描数据”：仅使用可靠的扫描数据或者有效的重叠扫描区域，以得到更好的对齐结果。

⑦ “约束条件选项”：修正“移动”要素的 X、Y、Z 轴的移动或旋转。

⑧ “更新视图 & 直方图”：用于在模型视图中查看对齐过程，实时更新直方图。

6. 结合

“结合”命令是将选定的点云或者面片在不进行重新构建要素的情况下合并成为单一的点云或者面片。选择“点”→“结合”命令，弹出“结合”操作对话框，如图3-22所示，“目标”选择jiao1、jiao2、jiao3，勾选“删除重叠领域”，单击OK按钮，结合处理后的多片点云变为一个整体，在软件左侧的模型树里面会出现一个以jiao1&jiao2&jiao3命名的点云，如图3-23所示。

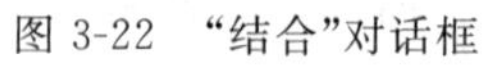
图3-22 “结合”对话框

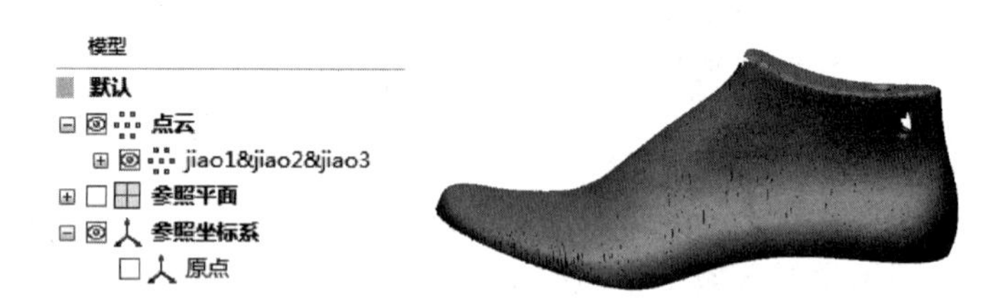

图3-23 模型树及结合后的单一单元模型

结合对话框主要选项说明如下：

(1)“点云”：选择需要结合的目标点云。

(2)“删除重叠领域”：勾选会在结合过程中删除重叠的点云。

7. 三角面片化

在得到一个完整的点云后，通过连接3D扫描数据中点的方式创建参照面，进而构建面片。目标可以是整个点云，也可以是点云中的一部分参照点。选择“点”→“三角面片化”命令，弹出“单元化”对话框，如图 3-24 所示。“点云”选择 jiao1&jiao2&jiao3，使用“高清面片构建”的方法，“高清过滤器”与“降噪级别”滑块分别滑至正中间，“详细设置”中保持不变，采用默认值，单击 OK 按钮，经过三角面片化的点云结果如图 3-25 所示。

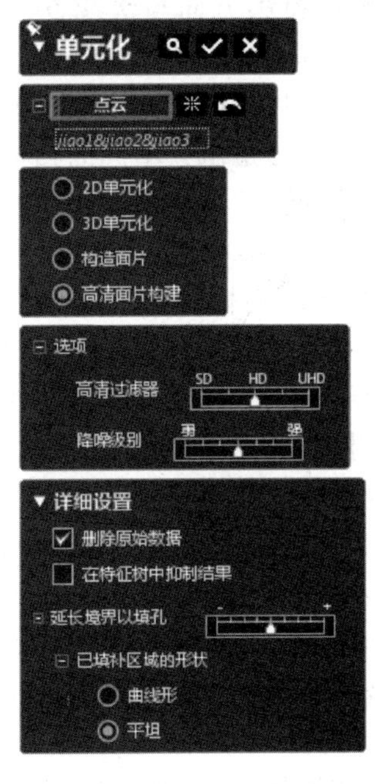

图 3-24　“单元化”对话框

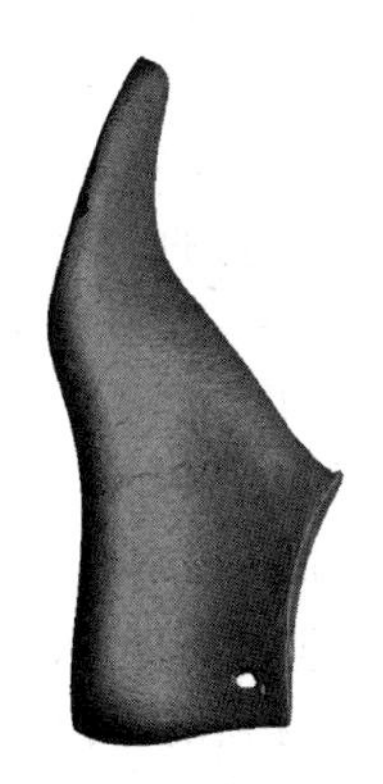

图 3-25　三角面片化后的模型

“三角面片化”对话框主要选项说明如下：

(1)“点云”：选择点云或者参照点。

注：此选项不仅可以选择大规模点云，也可以选择参照点，选择的点云和参照点可以用于创建点云局部领域的多边形面片。

(2)“2D 单元化”：使用投影和重新定位的方法，利用点云创建多边形面片。将空间中的三维参照点投影到平面或者球面上，将已投影的点面片三角化，然后重新定位到原始位置。

① “平面”：将参照点投影到垂直平面上，然后创建参照面。这种方式可用于在单一方向上扫描的 3D 扫描数据。

② “扫描方向”：在扫描方向上投影，即在模型视图中点云中的蓝色箭头。在模型中单击箭头可以反转投影方向。如果点云没有法线信息，单击“查找扫描方向”按钮。

③ “当前视图方向”：在模型视图中的当前视图方向上投影。

④ “球形”：从 3D 扫描中心将参照点投影到虚拟球形上，然后创建参照面。此方式适用于面片三角化类似于球形的 3D 扫描数据，该扫描数据是由长距离激光扫描仪中的球形扫描仪获得的。

⑤ “手动输入中心”：手动输入中心位置的坐标。

注：3D 扫描数据的中心在默认情况下跟随世界坐标系的原点（X:0，Y:0，Z:0）。如果在面片三角化之前移动了 3D 扫描数据，可根据移动信息输入新的 X、Y、Z 坐标值。

⑥ “面删除标准”：在运行 2D 面片三角化的时候过滤不规则的参照面。

⑦ “最大边线长度”：删除边线长度比指定值大的参照面。

⑧“最大面积”：删除面积比指定值大的参照面。

⑨“最大/最小边线长度比率”：删除其最长边线与最小边线之间的最大比率和最小比率大于指定值得参照面。

⑩“投影方向和面的法线方向间的最大角度”：删除投影方向与法线方向间的角度比指定值大的参照面。

(3)“3D单元化”：通过连接参照顶点来创建对边形面片。此方式在最近的参照点间创建小的参照面，适用于利用点云创建多边形面片，且这些点云是由在不同的扫描方向下得到的多个扫描数据结合而成的，不可以投影到任何垂直的平面上。

“转换点的距离标准”：设置参照点之间的距离以将其连接并创建参照面。

注：“估算”按钮可以估算参照点之间的距离，并在标准列框中显示结果。这个结果数值表示的是点云的平均距离，双击该数值，可以编辑。如果需要其他数值，单击“追加”按钮。

(4)“构造面片”：根据点云的几何形状来创建参照面。适用于利用点云创建多边形面片且这些点云是由在不同的扫描方向下得到的多个扫描数据结合而成的，不可以投影到任何垂直的平面上、球面上，也适用于需要利用统一的参照边线长度创建参照面。

“几何形状捕捉精度”：设置几何形状捕捉精度，如果滑块移至低会使用较少的参照面来创建形状。如果设置为高，会使用较多的参照面来创建形状。

“扫描仪精度”：根据扫描仪的规格设置扫描仪的精度。例如，如果目标3D扫描数据是由中/小尺寸扫描仪扫描的，默认值设置为0.05mm是最合适的。如果目标3D扫描数据是由长距离激光扫描仪得到的，可根据扫描仪的精度提高数值。

注：一般，如果点云杂点较少，密度适中且对齐精度很好，可以使用“扫描仪精度”的最大值。滑块每降一个阶段，就会大约降低前一步骤一半的面片创建，结果不会是统一减少，高曲率的领域将会被保留，类似于运行了50%的取样。

(5)“高清面片构建”：使用体素数据结构创建单元面，此方法适用于利用没有太多开放境界的点云创建多边形面片。

注：如果想通过高清面片创建方式得到满意的结果，扫描数据必须有法线信息，并且最理想的是使用开放境界很少的数据，因为运算会延长境界，超出其内部设置。高清面片构建方式可以将法线信息与已连接的单元面保持一致，适用于长距离扫描数据与没有境界的扫描数据。

(6)“高清过滤器”：控制将使用多少体素结构用于创建面片。体素结构数量越多就会使用越多的控制点来表示扫描数据的原始形状。

(7)“降噪级别”：调整降噪的级别，如果滑块滑到最强，噪声会降得很低，但是创建的面片会太简化。

(8)“删除原始数据”：勾选此处会在单元化后删除原始点云。

(9)“在特征树中抑制结果”：单元化的面片可以设置是否在特征树中显示。选择特征数名称旁边的框可以将创建的特征抑制或解除抑制。

(10)“延长境界以填孔”：在目标扫描数据的开放边界上调整延伸以填充漏洞。

“已填补区域的形状”：在开放境界处，可选择曲线形和平坦创建封闭境界。

8. 保存

将该阶段的模型数据进行保存。单击快速访问栏里面的保存按钮，命名为jiao，文件类型为.xrl，单击保存完成点云的处理。

第4章

Geomagic Design X多边形阶段处理技术

4.1 Geomagic Design X 多边形阶段简介

多边形阶段处理数据对象为面片，面片是点云用多边形(一般是三角形)相互连接形成的网格，其实质是数据点与其邻近点的拓扑连接关系以三角形网格的形式反映出来。点云数据面片化在逆向建模中是非常重要的一步，然而面片化的结果通常会出现很多的问题。由于点云数据的缺失、噪声、拓扑关系混乱、顶点数据误差等原因，转换后的面片会出现非流形、交叉、多余、反转的三角形以及孔洞等错误。这些错误严重影响面片数据的后续处理，如曲面重构、快速原型制作、有限元分析等。

因此，多边形阶段的工作是修复面片数据上错误网格，并通过平滑、锐化、编辑境界等方式来优化面片数据。经过这一系列的处理，从而得到一个理想的面片，为多边形高级阶段的处理以及曲面的拟合做好准备。

4.2 Geomagic Design X 多边形阶段处理工具

多边形阶段的任务是修复和优化面片，为后续处理做好准备。它包含“向导”“合并/结合”“修复孔/突起”“优化”“编辑”“导航”等 6 个操作组，如图 4-1 所示。

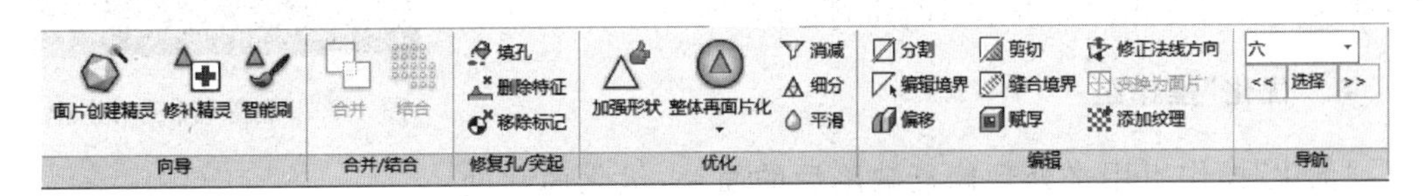

图 4-1 多边形阶段操作工具界面

1. “向导”操作组

“向导”操作组提供了三个快速处理面片的工具，可以用来创建面片、修复错误和优化面片。

(1) “面片创建精灵”：利用原始的扫描数据创建面片模型。在点阶段此命令将点云数据转换为面片数据；在多边形阶段此命令用来重新转换面片并完成补洞，得到封闭的面片。

(2) “修补精灵”：用来检索面片模型上的缺陷，如重叠单元面、悬挂的单元面、非流形单元面、交差单元面等，并自动修复各种缺陷。

(3)“智能刷”：手动选择要优化的面片区域，使用平滑、消减、加强等面片优化方式来改善面片模型。

提示： 智能刷工具中可以选择的优化方式，在优化操作组都有对应的工具。使用优化操作组中的工具，能更加精细地设置优化参数。

2. “合并结合”操作组

“合并结合”操作组提供的工具用于处理包含两个以上面片的模型，只有当存在两个以上面片时才有效。

(1)“合并”：合并两个以上的面片，并创建单一面片。在合并过程中将会删除重叠区域，并将相邻的边界缝合到一起。此命令有三种合并方式：曲面合并、体积合并、构造面片。

(2)“结合”：将两个以上的面片在不进行重构的情况下合并为单一个面片，即将多块面片叠加在一起。在操作时可选择删除重叠区域，若选择删除重叠区域区域，结合面片时将删除原始面片中重叠部分，由于不进行重构导致删除重叠区域后，会在结合后的面片上产生孔洞。

3. “修复孔/突起”操作组

“修复孔/突起”操作组用于修复面片上的缺陷如孔洞、突起，所包含的工具如下：

(1)“填孔”：填补面片的孔洞。根据面片的特征形状选择合适的填补方式手动填补缺失的孔洞。此工具有6种编辑命令：“追加桥”“填补凹陷”“删除凸起”“删除岛”“境界平滑”和“删除单元面”。

(2)“删除特征”：用来删除面片上的特征形状或不规则的突起，重建单元面。操作时先选择要删除的区域，然后对已删除的区域运行填补操作。图4-2所示为删除特征工具对话框。

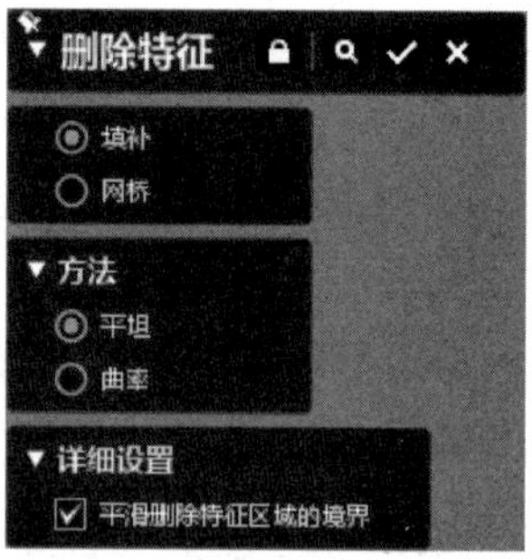

(3)“移除标记”：贴有标记点的对象，扫描的点云数据在标记点位置会有数据缺失，转换得到的面片会形成孔洞，此命令通过查找指定半径内的孔洞，将其填补。

图4-2 “删除特征”对话框

4. “优化”操作组

“优化”操作组用来处理修复缺陷后的面片，优化面片网格，包含的优化工具如下：

(1)“加强形状”：用于锐化面片上的尖锐区域(棱角)，同时平滑平面或圆柱面区域，来提高面片的质量。

(2)“整体再面片化”：使用统一的单元边线长度重建整体单元面，可以减小面片的粗糙度、修复缺陷(数据缺失等)，从而提高面片品质。由于软件不能识别孔洞是否为数据缺失造成，会将原有设计的孔也填补上，因此要正确使用此工具。

(3)“面片的优化”：根据面片的特征形状，设置单元边线的长度和平滑度来优化面片。此工具有3种优化方式：“优质面片转换”“改善曲率流”及“单元顶点平衡的均一化”。

提示：面片是由点云数据三角化得到的，每个三角形面称为单元面，三角形面的边即单元边线。通过控制单元边线的长度可以控制三角化的过程，得到不同品质的面片。图4-3所示为面片化的过程。

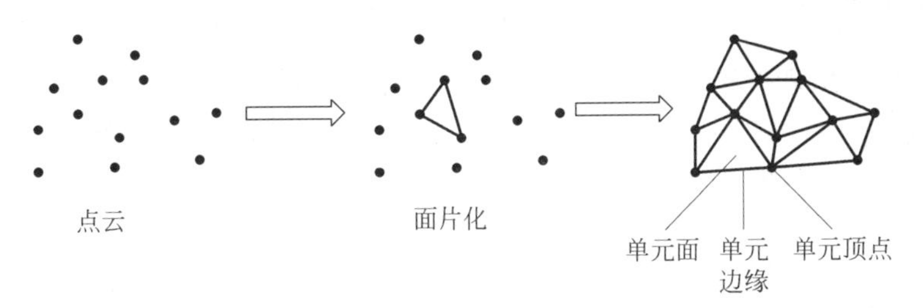

图4-3　面片化过程

(4)"重新包覆"：对于数据缺失严重和包含复杂孔洞的面片，根据面片的几何特征形状填补面片上的缺失区域，创建无缝面片。在使用此工具时，要考虑有无不需填充的孔。

(5)"消减"：在保证几何特征形状的同时，通过合并单元顶点的方式减少面片或选定区域的单元面数量。

提示：高分辨率的面片会生成较大的文件，增加处理时的负担。低分辨率的面片处理时比较轻松，但又不能精确地反映物体的特征信息。理想的面片应当与原始数据保持在一定公差内，使用较小数量的单元面来表示模型，且高曲率区域应具有密集的单元面，低曲率区域应具有稀疏的单元面。图4-4为两种不同分辨率的面片。

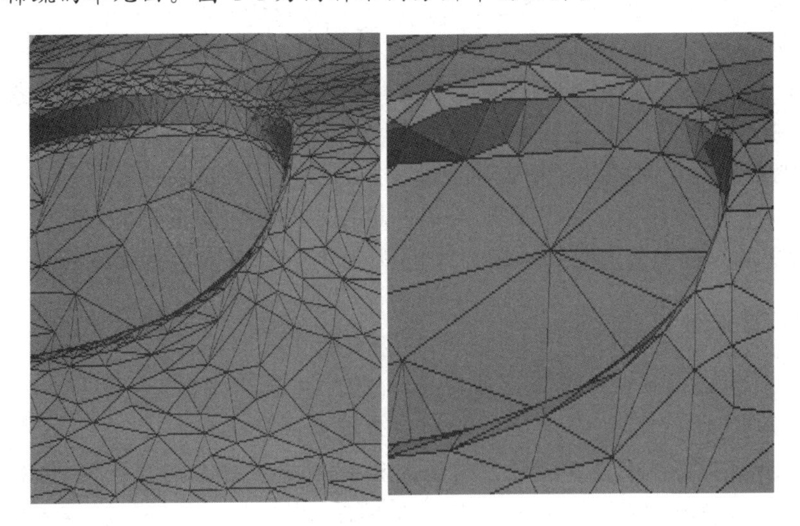

图4-4　不同分辨率的面片

(6)"细分"：在保存特征形状的同时细分单元面，增加面片或选定区域的单元面数量，此命令可以提高相邻单元面之间的曲率流。

(7)"平滑"：可以消除面片上的杂点，降低面片的粗糙度。可以适用于整个面片，也可以适用于局部选定的单元面。

提示：面片通过良好地连续性三角形来表示模型表面，三角形的形状对于面片的质量影响很大。三角形的长宽边过大时包含较小的锐角，会在面片拟合时产生错误。三角形的尺寸也不宜过大，理想的形状是等边三角形。理想的面片应有正确的三角形、平滑的网格、合适的分辨率。

5. “编辑”操作组

“编辑”操作组用来编辑面片，包含的工具如下：

(1) “分割”：将一个面片分割成多个部分，选择需要保留的部分。可使用多种要素(如参照面、曲线、曲面)来分割面片。

(2) “剪切”：用来剪切面片的单元面，保留剪切内部或外部的区域。可以使用曲线或自定义路径来分割单元面。

提示：“分割”和“剪切”工具有一些相似性，两个的区别是：“分割”的对象为整个面片，可以在分割面上生成面片，形成闭合面片；“剪切”的对象为面片上的单元面，使用的要素为面片上的闭合曲线。

(3) “修正法线方向”：可以调整面片单元面的法线方向，调整由IGES或STEP格式文件导入的CAD面片的单元面法线方向。

(4) “编辑境界”：用来编辑面片的边界，降低边界的粗糙度，改善面片形状。操作时可使用的编辑方式有“平滑”“缩小”“拟合”“延长”“拉伸”及“填补”。

(5) “缝合境界”：修复面片单元面之间的小缝隙。当单元面之间距离小于设定值时缝合在一起。

(6) “变换为面片”：将选定的实体或曲面转换为面片。

(7) “偏移”：按一定的方向，在距离原始面片设定的距离处创建新的面片。操作时偏移的方式有两种：“曲面”的偏移对象为面片中单元面；“体积”的偏移对象为面片中单元顶点，然后根据单元顶点创建新的面片。

(8) “赋厚”：对面赋予固定厚度的方式来改变面片的体积。

(9) “添加纹理”：面片数据能很好地反映扫描对象的形状，通过“添加纹理”工具，将扫描对象的二维图像(照片)与面片匹配，使面片能达到逼真的视觉效果。

6. “导航”操作组

“导航”操作组提供了快速选择工具，其包含的工具有：“选择”：对于复杂的面片，其中的孔洞不容易直接观察到，此命令可以自动地选择孔。

提示：面片处理并不总要得到理想的面片数据，面片处理后的用途不同，其处理的结果要求也不同。如果是为了快速成形和后续拟合曲面，处理时应修复扭曲、缺失的面片以及删除错误三角形(非流形、交叉、多余、反转三角形)。如果是为了参数化建模或检测，处理时要保留与原始数据偏差较小的面片和能反映模型上重要特征的面片。

4.3 应用实例

点云数据经过面片化后，就进入了多边形阶段。在多变形阶段通过对面片数据的修复和优化得到合适的面片模型，本节以轮辐模型为例介绍多变形阶段的操作。

本实例主要有以下几个步骤：
(1) 打开本实例多边形模型；
(2) 填补孔洞；
(3) 修补错误的单元面；
(4) 面片优化；
(5) 编辑边界。

1. 打开模型

启动 Geomagic Design X 软件，打开附带光盘中的模型“轮辐. xrl”后，在选项卡里选择“多边形”，进入多边形阶段操作，如图 4-5 所示轮辐面片模型。在特征树中选择“轮辐”，然后在显示窗口右侧单击“属性”，可以在属性窗口了解当前模型的单元面数为 266430、单元点云数为 135319，也可以计算模型的体积、面积和重心。

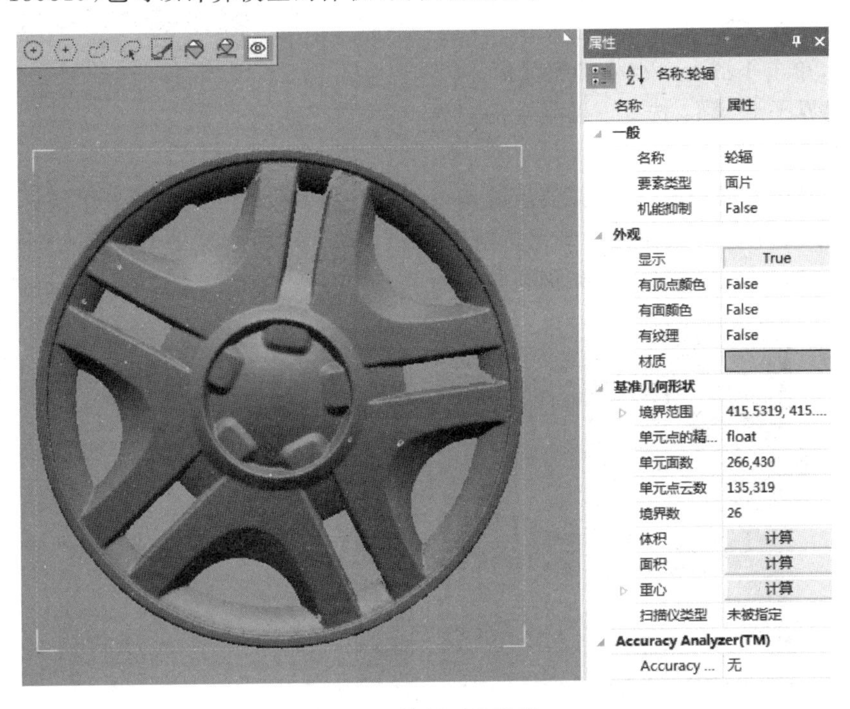

图 4-5 轮辐面片模型

2. 填补孔洞

首先将面片上由数据缺失造成的孔洞填补上。选择“修复孔/突起”操作组→“填孔”命令，弹出对话框如图 4-6 所示。在操作此工具时，根据孔的类型(内部孔、边界孔)选择编辑工具和填补方法。

“填孔”对话框的操作说明如下：

(1) “境界” 境界 ：单击后，在模型上选择需要填补的孔边界，可以同时选择多条孔边界，这些孔边界将使用同一种编辑工具。

(2)“编辑工具”：针对不同的孔边界需用不同的编辑工具来填补。所包含的工具如下：

①“追加桥”：适用于比较大、复杂的孔，先在边界上单击一个单元面的边，然后在边界上另一位置单击一个单元面的边，在两个边之间创建一条单元面。可以将原先较大的孔简化为两个较小的孔。

②“填补凹陷”：适用于边界孔，在边界上单击一点作为起点，再单击另一点作为终点，在两点之间创建单元面填补原先的凹陷，填补后的边界为起点和终点的连线。

③“删除凸起”：删除边界上的凸起的单元面，在边界上单击一点作为起点，再单击另一点作为终点，在两点之间形成剪切路径将外侧凸起的单元面删除掉。

④“删除岛”：孤立于主面片的小群(一个或多个单元面组成)，单击小群上一点将其删除掉。

⑤“境界平滑”：选择需要平滑的边界，减少边界的波动。

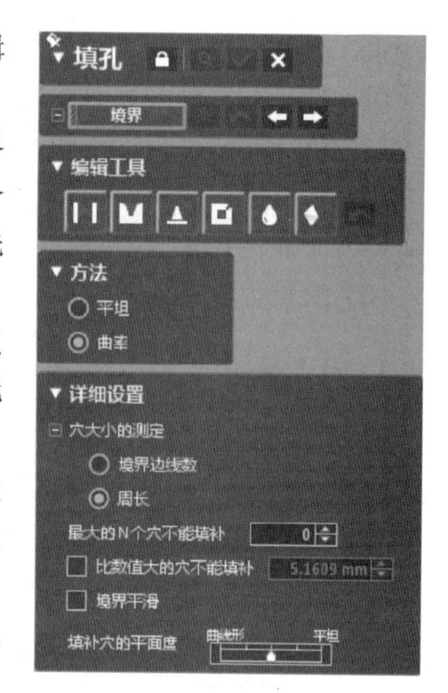

图 4-6 “填孔”对话框

⑥“删除单元面”：选择需要删除的单元面，然后按 Delete 键进行删除。

(3)“方法”：选择填充孔的单元面创建方法。有两种方法：“平坦”，用平坦的单元面填充孔；“曲率”，根据边界的曲率来创建单元面填充孔。图 4-7 所示为两种方法填充效果。

(a)“平坦”

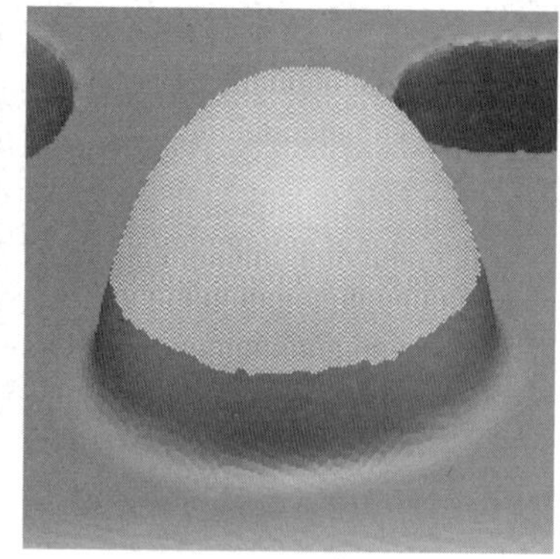

(b)“曲率”

图 4-7 两种不同方法填充效果

(4)“详细设置”：用来设置测定穴大小的方式、优化填充的孔。

①“穴大小的测定”：包含两种测定方式——“境界边线数”，边界上单元边线数量；“周长”，孔的周长。根据测定孔的大小，可设定“最大的 N 个穴不能填补”的参数，默认设为 0 表示最大的孔也要进行填补。也可设定“比数值大的穴不能填补”的参数，此参数为孔的周长或边线数量。

②“境界平滑”：勾选后，在填补时先将边界进行平滑，降低边界的粗糙度，便于填补复杂的孔。

③“优化穴填补”：在使用“平坦”方法创建单元面时，此命令可用。使创建的单元面按

统一的边线长度进行创建。

提示：对于简单的内部孔，对话框中的“编辑工具”命令不用设置。对于复杂的孔，先在对话框中设置“编辑工具”命令，不用设置“境界”命令。

首先填补简单的内部孔，在对话框中选择“方法”→“曲率”命令，再勾选详细设置里的“境界平滑”。然后单击“境界”，选择需要填充的孔，为了不漏填使用“导航”操作组的“选择”工具来辅助选择。选择“导航”操作组→下一个按钮 >> 命令，在显示窗口会观察到一个孔的边际被亮显表示选中了这个孔。如果选择的孔不需进行填补时，继续单击 >> ，在找到需要填补的孔时单击 OK 按钮，在显示窗口就可预览填充后的效果。

然后填补边界孔和一些较大的孔，如图4-8所示还需要填充的孔。在对话框中选择“编辑工具”→“填补凹陷”命令，单击图4-8中序号“1”所指边界孔边界上的两点，预览填补效果若合适则填补下一个孔。剩下的两个孔2和3范围比较大，需使用“追加桥”命令。如图4-9所示为填补凹陷和追加桥操作界面。选择“编辑工具”→“追加桥”命令，在剩下两个孔上填加桥。

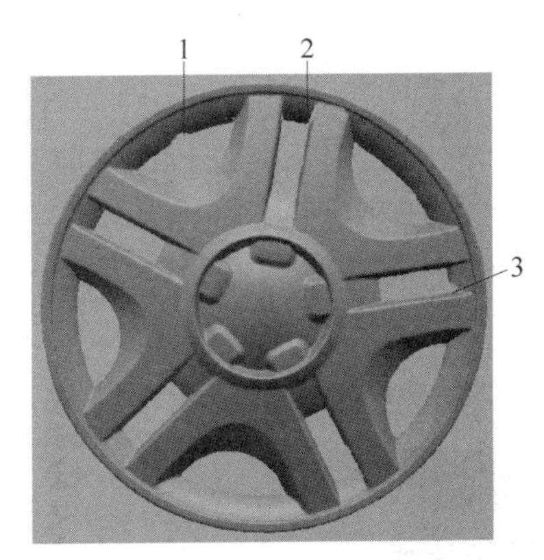

图4-8　还需填充的孔

接着在对话框中单击“境界”按钮，在显示窗口选择追加桥后新生成的孔边界，再选择“导航”操作组→ OK 命令，填充完后单击下一个按钮 >> ，将剩余的孔都填补上。图4-9(c)所示为填充后的模型。

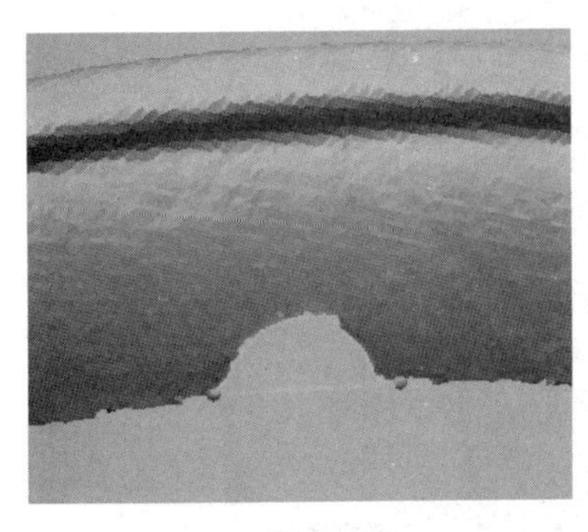

(a) 填补凹陷

(b) 追加桥

(c) 填补后的模型

图4-9　填孔操作

3. 修补错误单元面

使用“修补精灵”检查当前模型存在错误单元面的数量，并将其修复。选择“向导”操作组→“修补精灵”命令，弹出对话框，图 4-10 所示为检索到的错误单元面情况。

对话框中显示了错误单元面的类型：

(1)“重叠单元面”：单元面之间夹角小于指定值的面，默认为 18°。

(2)“悬挂的单元面”：包含两条或三条不与其他单元面边线重合的单元面。

(3)“小群”：孤立于主面片的面片群。

(4)“小的单元面”：小于指定面积的单元面。

(5)“非流形单元面”：单元面之间共用三条以上的单元边线称为非流形单元面。

(6)“交差单元面”：相互交叉的单元面。

查找完错误的单元面以后，单击对话框中确定按钮☑进行修补。完成修补后会自动退出对话框。

4. 面片优化

填补孔洞和错误单元面的修复之后，对面片进行优化即调整单元面的形状、数量和分辨率。单元面良好的形状应为等边三角形，优化后的面片应包含适量的单元面，在曲率大的部分分布密集一些更加准确显示的特征部分。

因为轮辋自身包含有孔，所以应使用“面片的优化”命令来优化面片模型。单击“优化”操作组→“面片的优化”，弹出对话框如图 4-11 所示。

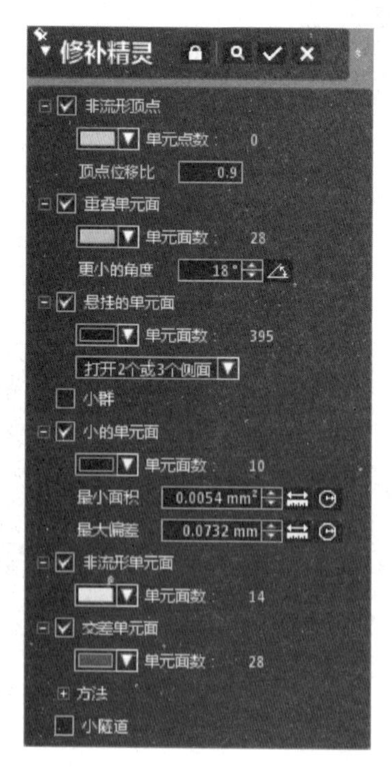

图 4-10　“修补精灵”对话框

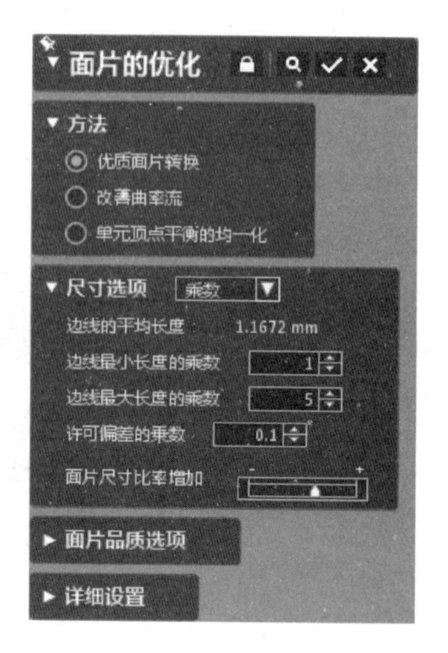

图 4-11　“面片的优化”对话框

在对话框中有三种可选方法来优化面片，具体说明如下：

(1) 优质面片转换：通过设置单元边线的长度，来重新生成面片。在面片优化时，根据面片的曲率在大曲率位置单元面分布得密集些，曲率小的位置单元面分布稀疏些，单元面的形状将更接近理想形状。

此方法下的高级选项有："尺寸选项""面片品质选择"及"详细设置"。

① "尺寸选项"：设置重建面片时单元边线的长度。选择"乘数"方式是以单元边线的平均长度为基准，最小、最大单元边线长度设置为平均单元边线长度的倍数。

② "面片品质选项"：设置面片平滑次数。

③ "详细设置"：包括"保持境界的单元点云"和"不修正锐化的边线"，分别是为了保持边界在优化后不发生改变和保留尖锐的单元边线。

(2)" 改善曲率流"：根据面片的曲率分布来设置单元面的分布，可以锐化边线。其高级选项为"曲率流选项"。

"曲率流选项"：用来设置优化的迭代次数和曲率敏感度，敏感度高会选择较多的单元面进行锐化。

(3) "单元顶点平衡的均一化"：单元顶点均一化是指六个单元面有一个公共的单元点，如图 4-12 所示。在高级选项里可设置迭代次数和是否平滑面片。

根据轮辋面片的特点，在对话框中选择"方法"→"优质面片转换"命令，"尺寸选项"选择"乘数"，其他选项采用默认设置。单击确定按钮完成优化。优化后的面片如图 4-13 所示，在属性窗口可以发现当前单元面数为 85140，比初始减少了很多(初始为 266430)。

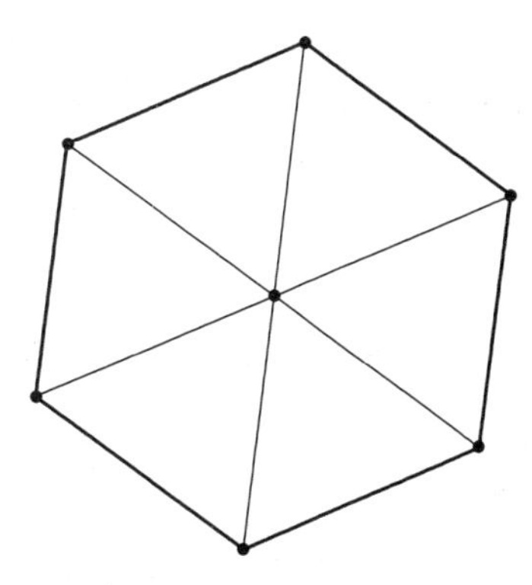

图 4-12　单元顶点均一化

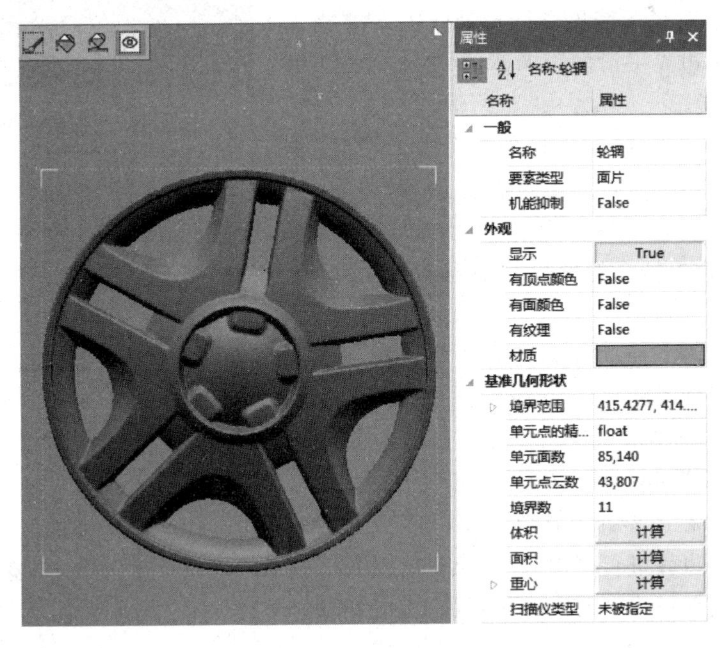

图 4-13　优化后的面片

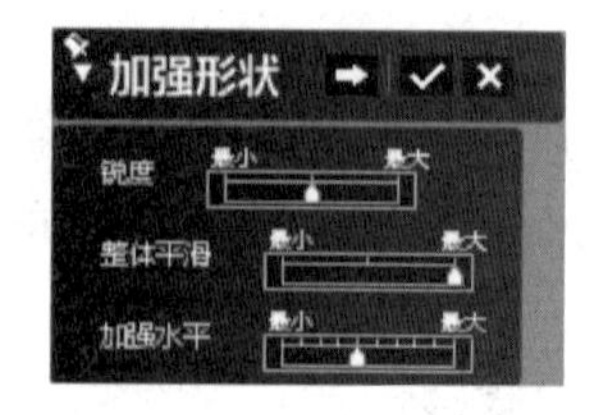

图 4-14 “加强形状”对话框

接下来使用“加强形状”工具来优化面片的形状，单击“优化”操作组→“加强形状”，在弹出的对话框中可以设置锐化和平滑程度，如图 4-14 所示。

“加强形状”工具可同时执行尖锐区域的锐化和圆角区域的平滑。对话框中的说明如下：

(1) “锐度”：设置执行锐化的尖锐区域范围。

(2) “整体平滑”：设置执行平滑的圆角区域范围。

(3) “加强水平”：设置执行操作的迭代次数。

对于轮辋模型，要进一步地平滑其圆角区域，因此在对话框中将“锐度”调为中间，“整体平滑”调为最大，“加强水平”调为最大。然后单击确定按钮✔完成操作。

5. 编辑边界

轮辋包含了外边界和内部边界，由于扫描数据的误差导致边界凸凹不平，接下来使用“编辑境界”命令，将外边界拟合为圆形，平滑内部的边界。

选择“编辑”操作组→“编辑境界”命令，弹出对话框如图 4-15 所示，对话框中提供了很多边界编辑工具。

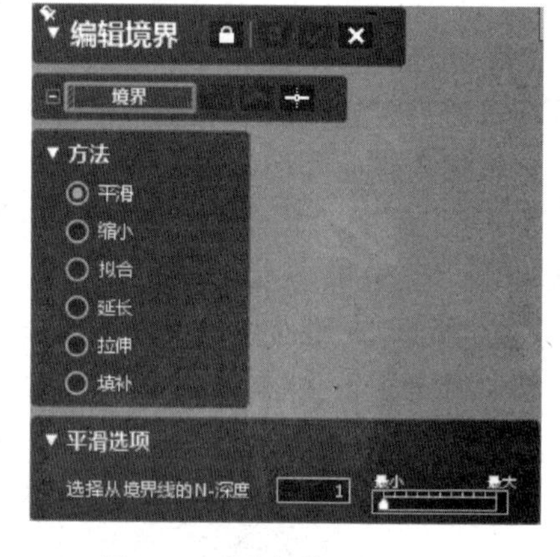

图 4-15 “编辑境界”对话框

对话框中的边界编辑工具说明如下：

(1) “境界”：选择要编辑的目标边界。单击“分割境界”图标 ，可在目标境界上插入断点来分割目标境界。

(2) “方法”：编辑境界的工具，有如下分类。

① “平滑”：对目标境界进行平滑操作；“平滑选项”，设置从目标边界平滑的影响范围(范围内的单元面将亮显)。

② “缩小”：删除边界附近的单元面；“缩小选项”，设置从目标境界进行缩小的范围。

③ “拟合”：将边界拟合为指定的特征形状，如圆、矩形、长穴、多边形、自由形状；“拟合选项”设置目标边界拟合的形状；“详细设置”设置拟合的类型，包括最优匹配、最小境界、最大境界。

④ “延长”：在目标边界附近追加单元面，延伸的方向沿着边界处单元面的切线方向；“延长选项”设置延长距离。

⑤ “拉伸”：使用指定距离或拉伸至指定平面的方式拉伸目标边界；“拉伸选项”设置拉伸方式包括“距离”“到平面”及“自定义”。

⑥ “填补”：在边界处填补单元面，与“填孔”命令相似。

首先对内部边界进行平滑，在对话框中“方法”选择“平滑”，然后单击“境界”，在显示窗口选择模型的内部境界，如图 4-16 所示。对话框中“平滑选项”设为默认，单击确定按钮✔完成操作。

再次单击“编辑境界”工具，在弹出的对话框中单击“境界”，选择模型的外边界。然后在

图 4-16 平滑边界

对话框中选择“拟合”,选择“拟合选项”→“拟合形状”命令,在下拉栏中选择圆。“详细设置”使用默认设置,最后单击确定完成操作。拟合后的外边界如图 4-17 所示。

再单击“编辑境界”,在弹出的对话框中单击“境界”,在显示窗口选择模型的外边界。然后在对话框中选择“拉伸”,选择“拉伸选项”→“方法”命令,在下拉栏中选择距离。在“距离”命令中输入“－30”,最后单击确定完成操作。如图 4-18 为拉伸境界后模型。

图 4-17 拟合境界

图 4-18 拉伸境界

第5章

Geomagic Design X对齐技术

5.1 Geomagic Design X 对齐技术简介

Geomagic Design X 中的对齐模块提供了多种对齐方法，将扫描的面片（或点云）数据从原始的位置移动到更有利用效率的空间位置，为扫描数据的后续使用提供更简捷的广义坐标系统。

通过对齐模块提供的工具可将面片数据分别与用户自定义坐标系、世界坐标系，以及原始 CAD 数据进行对齐，分别对应于对齐模块中的三组对齐工具，分别为“扫描到扫描”“扫描到整体”及“扫描到 CAD”（见图 5-1）。

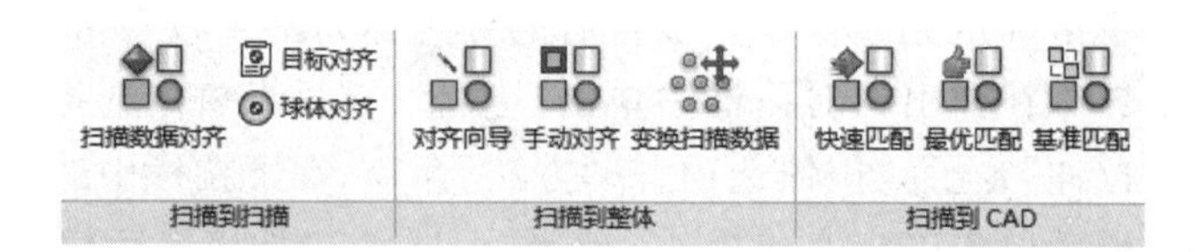

图 5-1　对齐模块操作工具箱界面

5.2 对齐模块的主要命令

（1）“扫描到扫描”操作组实现将扫描数据（面片或点云）对齐到另外一片扫描数据的目的，其包含的工具有：

①“扫描数据对齐”：将面片（或点云）对齐到其他面片（或点云），对齐方法包括自动对齐、拾取点对齐和整体对齐。当工作区中存在两个或以上的面片（或点云）时激活本命令。

②“目标对齐”：对指定文件夹的扫描数据进行对齐，当该文件夹内的扫描数据实时更新则可实现模型的实时自动对齐。

③“球体对齐”：通过匹配对象中的球体数据，实现粗略对齐多个扫描数据。

（2）“扫描到整体”操作组实现将扫描数据（面片或点云）对齐到世界坐标系的目的，其包含的工具有：

①“对齐向导”：自动生成并选择模型局部坐标系，并将局部坐标系与世界坐标

系对齐,将模型对齐到世界坐标系中。只有当工作区中存在领域组时才能激活本命令。

② “手动对齐”：通过定义扫描模型中的基准特征或选择点云数据领域,与世界坐标系中的坐标轴或坐标平面匹配,使模型与世界坐标系对齐。存在一个面片或点云时有效。

③ “变换扫描数据”：通过移动鼠标或修改参数来移动、旋转或缩放面片或点云。

(3) “扫描到CAD”操作组实现将扫描数据(面片或点云)对齐到CAD数据的目的,其包含的工具有：

① “快速匹配”：粗略地自动将扫描数据对准到曲面或实体。当工作区中存在一个面片(或点云)和体时激活本命令。

② “最佳匹配”：利用要素之间的重合特征自动对齐扫描数据和模型。当工作区中存在一个面片(或点云)和体时激活本命令。

③ “基准匹配”：通过选择基准将扫描数据对齐到模型或坐标。当工作区中存在一个面片(或点云)时激活本命令。

注：“扫描到扫描”操作组已在点处理阶段进行了介绍,本章将主要介绍“扫描到整体”和“扫描到CAD”操作组。

5.3 应用实例

实例1：模型数据对齐到世界坐标系

“对齐到世界坐标系”命令能将模型数据摆放到合理的空间位置,有利于数据模型的后续应用,如二次设计等。

1. 方法一：对齐向导

对齐向导能快速有效地生成规则几何形体的对齐方案,其中对回旋体模型的适应性最佳。具体步骤如下：

(1) 启动Geomagic Design X软件,选择“导入”命令,系统弹出导入对话框,查找光盘数据文件夹并选中“对齐1.stl”文件,然后单击“仅导入”按钮,在工作区显示的模型如图5-2所示。

图5-2　模型导入

(2) 选择“领域”→“线段”→“自动分割”命令,在弹出对话框中敏感度设置65,其他参数保持不变,单击OK按钮,领域划分的参数设置及效果如图5-3所示。

注意：只有将扫描数据划分领域后才能激活“对齐向导”命令。

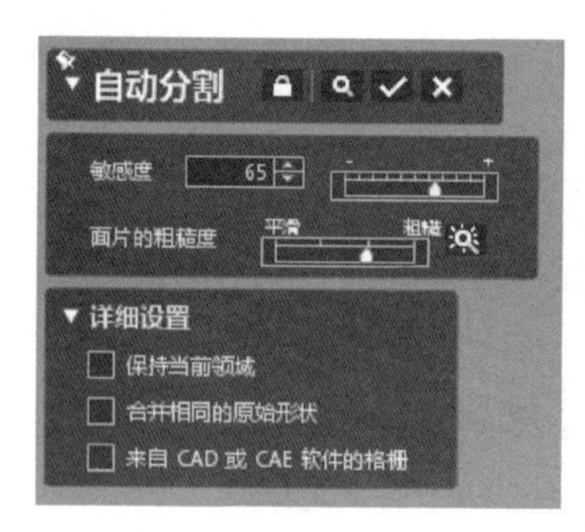

图 5-3　领域划分

(3) 选择"对齐"→"扫描到整体"→"对齐向导"命令，并选中要对齐的模型领域，单击下一步按钮 ，设置界面如图 5-4(a)所示。软件将自动生成并显示其候选坐标系，效果如图 5-4(b)所示。

(a) 设置对话框

(b) 候选坐标系显示

图 5-4　对齐向导

可在工作区直接单击对应的坐标系来确定最终的对齐方案，或在弹出菜单的下拉列表中选择对齐方案。可通过切换默认的视图位置来观察其是否完成对齐，图 5-5 所示为模型在相同视角下对齐前后的位置对比。

2. 方法二：手动对齐

当模型较为复杂时，"对齐向导"命令可能无法生成用户所需的对齐方案。此时，可选择"手动对齐"命令，通过手动选取要素与全局坐标系要素匹配，将模型对齐到全局。

"手动对齐"命令中包含两种对齐方式，分别是：3-2-1 方式和 X-Y-Z 方式。通过选择对应要素(划分的领域或建立的参照要素)与全局坐标系匹配,从而将模型对齐。

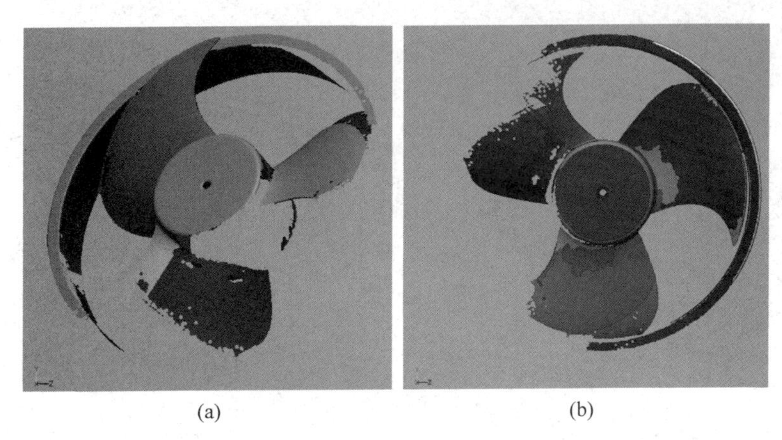

(a)　　　　(b)

图 5-5　模型对齐前(a)后(b)位置

(1) 3-2-1 方式操作方法：3-2-1 方式使用的要素为模型的面-线-点要素。具体操作步骤如下：

① 启动 Geomagic Design X 软件,选择“导入”命令,系统弹出导入对话框,查找光盘数据文件夹并选中“对齐 2. stl”文件,然后单击“仅导入”按钮,在工作区显示模型如图 5-6 所示。

图 5-6　模型导入

② 选择“领域”→“线段”→“自动分割”命令,“自动分割”对话框设置如图 5-7(a)所示,单击 OK 按钮,领域划分效果如图 5-7(b)所示。

③ 选择“对齐”→“扫描到整体”→“手动对齐”命令,并选中要对齐的模型领域,单击下一步按钮,如图 5-8 所示。

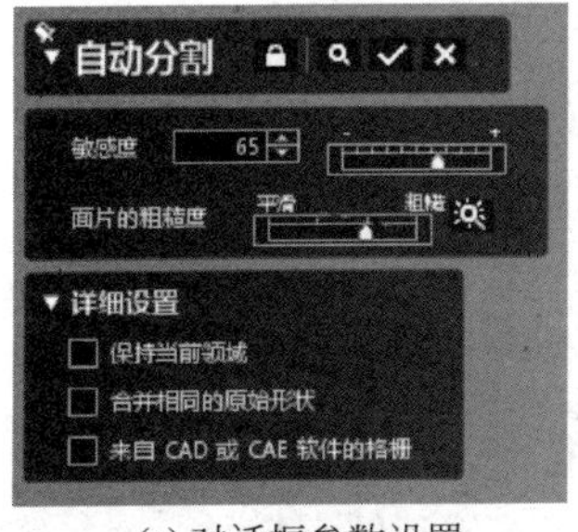

(a) 对话框参数设置

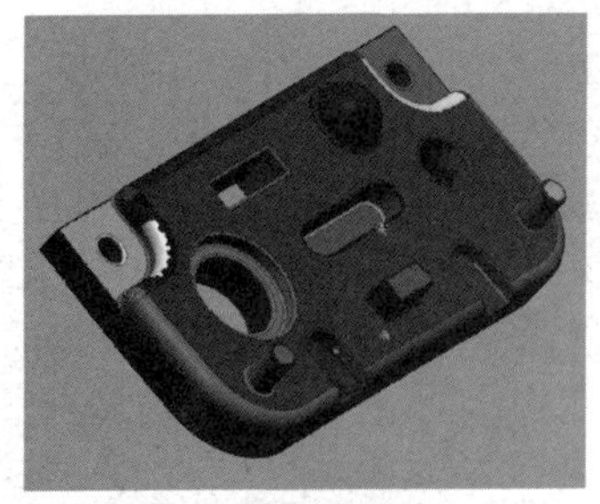

(b) 领域划分结果

图 5-7　领域划分

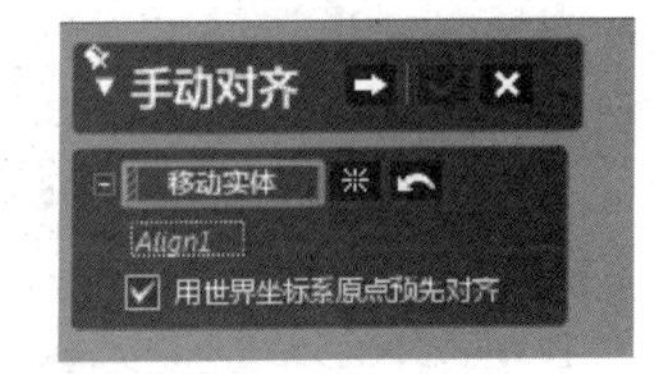

图 5-8　“手动对齐”界面

④ 随后进入要素选取阶段,此时工作窗口将分割为两个视图,左侧视图为模型的原始位置,右侧视图为要素匹配后的位置。如图 5-9 所示为对齐完毕后的工作窗口。此时在相同的视角下,左侧视图为要素匹配前模型的空间位置,右侧视图为要素匹配后模型的空间位置。此时可通过观察右侧视图,观察要素匹配过程中模型的空间位置的实时变化。

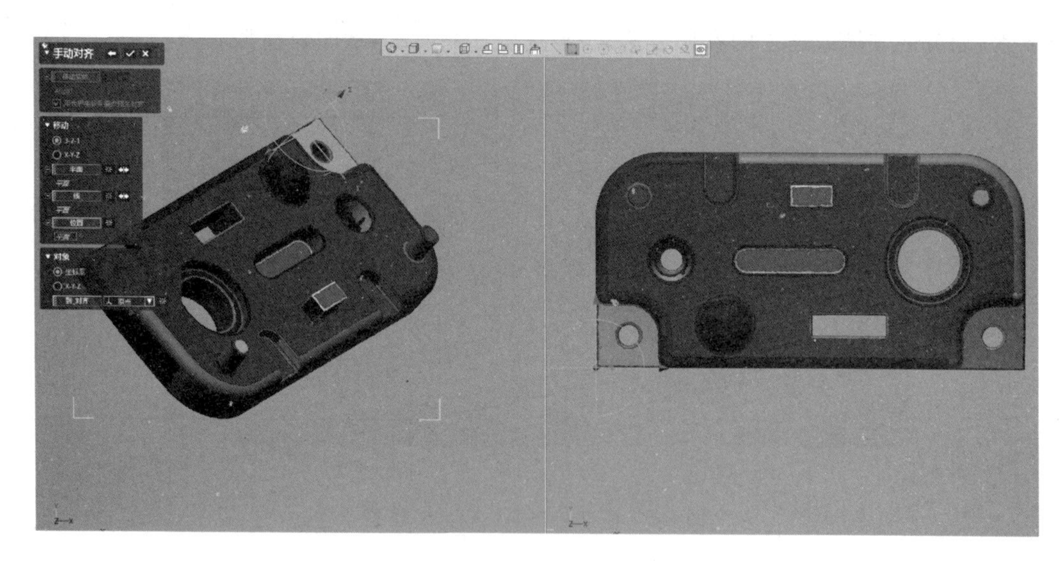

图 5-9 选择要素

具体设置如下：

在弹出对话框中的“移动”选项中，选择“3-2-1”对齐方法，首先单击“平面”按钮，并选择模型底平面所在的领域，然后单击“线”按钮，并选择模型侧平面所在领域，最后选择“位置”按钮，并选择模型右平面所在领域，如图 5-10 所示，单击 OK 按钮☑完成对齐。

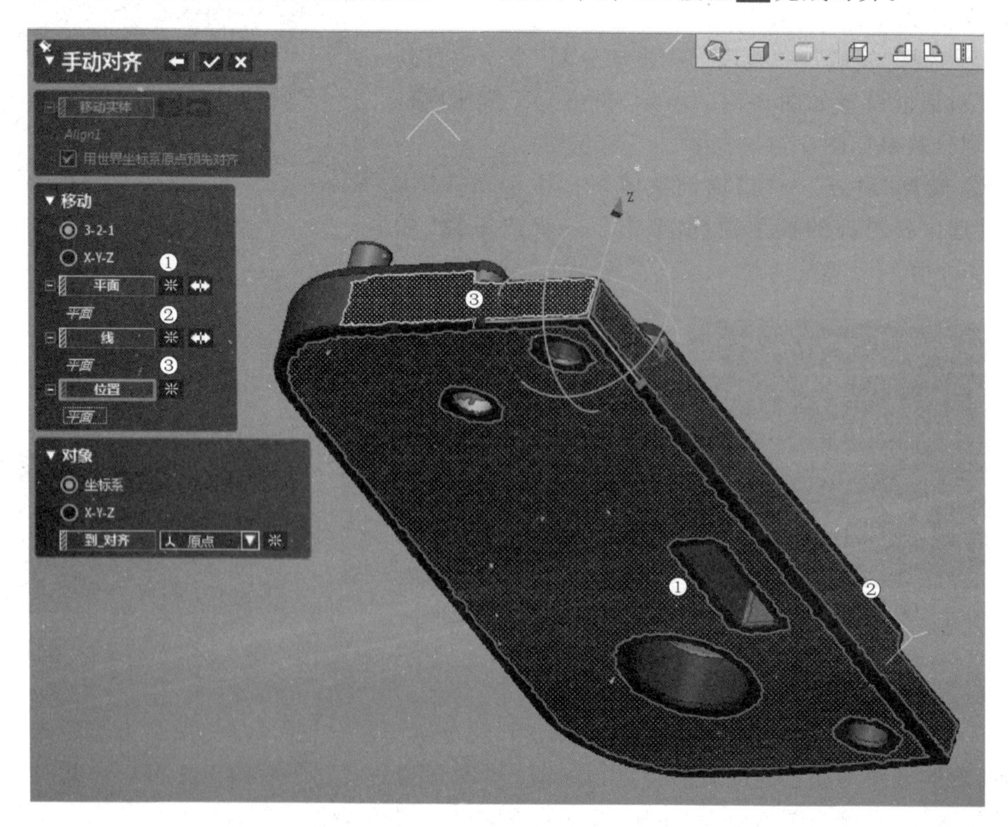

图 5-10 匹配要素

注意：在本实例步骤中，需要用到的领域区域性质为“平面”，否则无法选中该领域。当鼠标停留在某一领域上时，可显示此时该领域的性质。如在操作过程中，领域的性质被划分为“自由”命令，可通过单击需要修改的领域，选择“领域”→“编辑”→“缩小”命令，缩小该领域的范围，直至该领域的性质被定义为“平面”为止。

当选择“线”或者“位置”的时候，可以直接选取对象中的线或点，也可以通过选取平面，计算所选平面与已选择的其他元素间的相交来确定。

(2) *X-Y-Z* 方式操作方法：*X-Y-Z* 方式所使用的要素为三条直线或两条直线及一个原点。具体操作步骤如下：

① 3-2-1 方法中的步骤①和步骤②。

② 建立参照基准，选择“模型”→“参考几何图形”→“平面”“线”和“点”命令。如图 5-11(a)所示，选取风扇顶面的平面领域拟合平面；选取风扇中央的两个圆柱领域拟合其轴线。由拟合的平面 1 和线 1 的交点生成参照点 1。其对话框如图 5-11(a)所示，结果如图 5-11(b)所示。

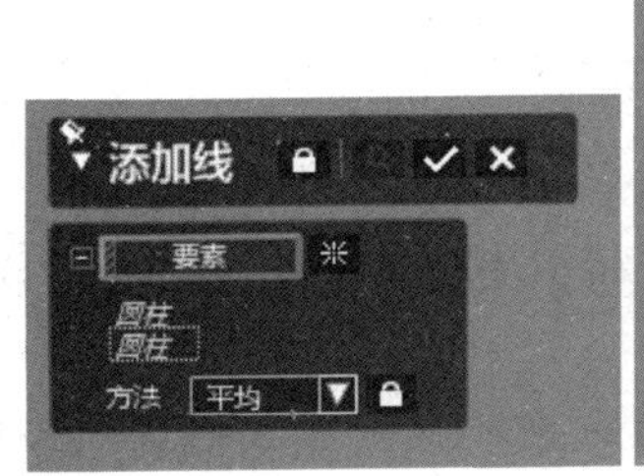

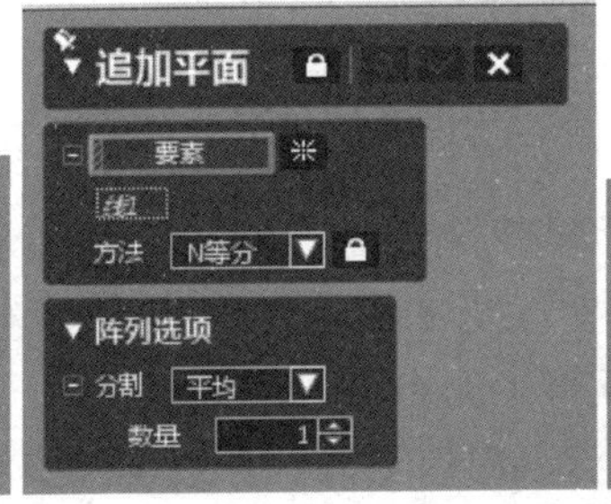

(a) 追加参考面、线、点对话框

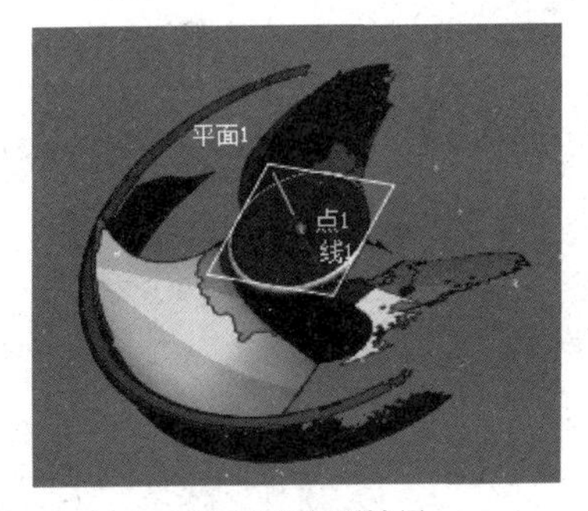

(b) 建立参照结果

图 5-11 生成参照

注意：在手动对齐操作中，无论是 3-2-1 方式或 *X-Y-Z* 方式对齐，其要求匹配的要素可以是划分的领域，也可以是预先建立的参照物。

③ 选择“对齐”→“扫描到整体”→“手动对齐”命令。在弹出菜单中选择“*X-Y-Z*”，单击“位置”按钮后，选择点 1；单击“Z 轴”后，选择线 1 与之匹配。假如轴线方向与参考线的方向相反，可单击按钮，使模型翻转，如图 5-12(a)所示。此时，对齐仍未满足 6 个自由度约束，可单击模型任意区域，将其定义为 *X* 轴或 *Y* 轴方向，以旋转模型。调至合适位置后单击确定按钮接受该对齐方案，效果如图 5-12(b)所示，对齐完毕。

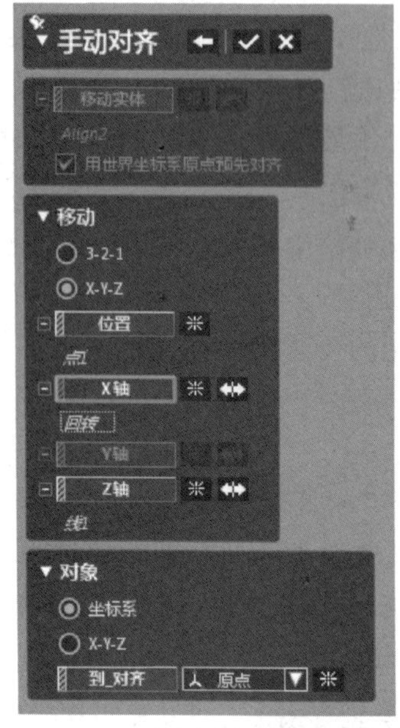

(a) 设置对齐要素

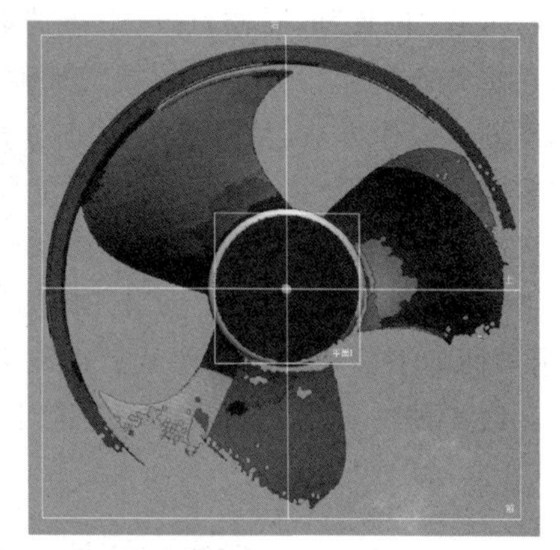

(b) 对齐结果

图 5-12　*X-Y-Z* 对齐

实例 2：扫描数据对齐到 CAD 对象

扫描数据对齐到 CAD 对象后，可通过 Geomagic Design X 精度分析工具，分析模型扫描误差、重构精度误差等。具体操作步骤如下：

（1）启动 Geomagic Design X 软件，选择“导入”命令，系统弹出导入对话框，查找光盘数据文件夹并选中“对齐 2. stl”以及“对齐 2. igs”文件，然后单击“仅导入”按钮，在工作区显示模型如图 5-13 所示。

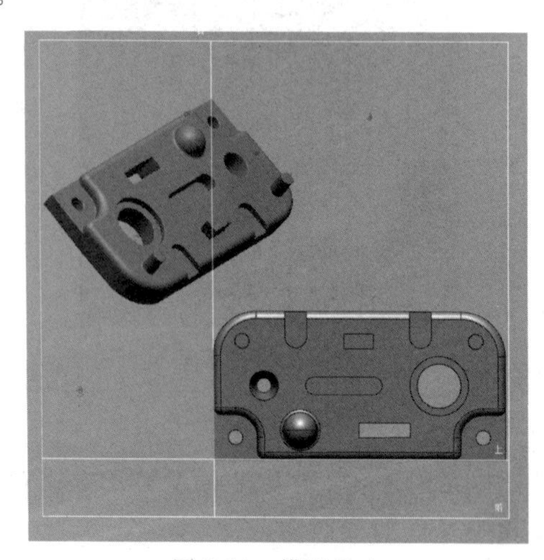

图 5-13　模型导入

（2）选择“对齐”→“扫描到 CAD”→“快速匹配”命令。在弹出对话框中，将 CAD 模型设置为“对象体”，点云数据模型设置为“移动实体”，单击确定按钮，并在“详细设置”中勾选“执行最优匹配对齐”，软件将在快速对齐后自动进入“最优匹配”命令，进行精细匹配。单击确定按钮完成扫描数据与 CAD 对象的匹配，效果如图 5-14 所示，对齐完毕。

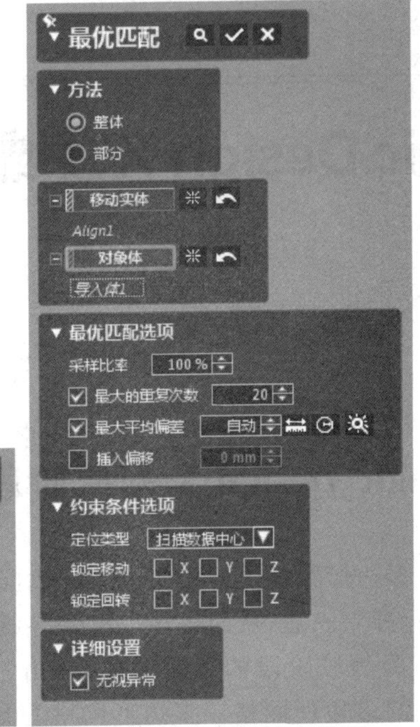

(a) 参数设置

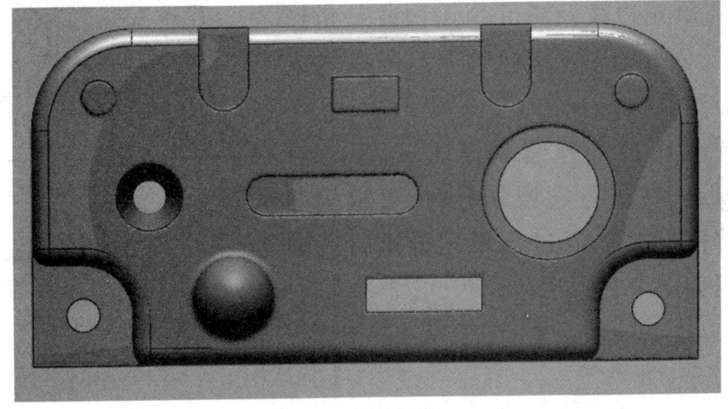

(b) 对齐效果

图 5-14 对齐到 CAD 模型

说明：快速对齐实现两模型间的粗对齐。在快速对齐完毕后，勾选“执行最优匹配对齐”，能自动执行“最优匹配”命令。如不勾选，则软件只执行粗对齐计算。图 5-15 所示为只执行粗对齐后和只执行精对齐后的体偏差之间的区别。

(a) 粗对齐　　　　(b) 精对齐

图 5-15 粗对齐与精对齐后的体偏差

第6章

Geomagic Design X领域阶段处理技术

6.1 Geomagic Design X 领域阶段简介

领域阶段是将多边形数据模型按曲率进行数据分块，使数据模型各特征（圆柱、自由曲面等）通过领域进行独立表达，从而将多边形模型划分为一个领域组。

多边形模型作为领域阶段的编辑对象，是由三角形面片拼接组成的多边形网格。多边形网格的基本元素包括单元面、单元边线、单元顶点及边界4部分，如图6-1所示。单元边线及单元顶点构成三角形单元面，三角形单元面相互拼接，将边界范围内的区域填充形成多边形网格面。

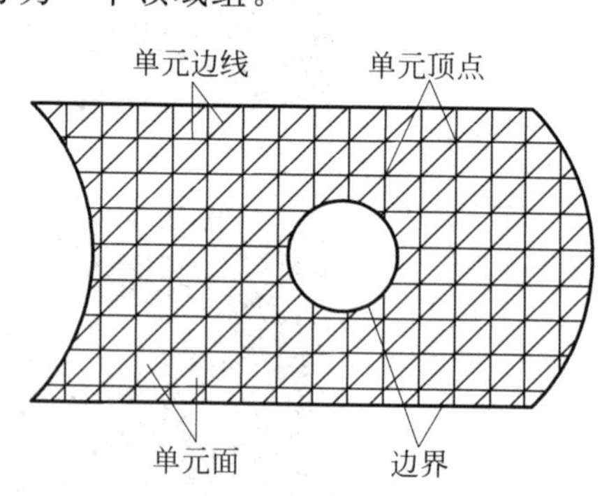

图6-1 多边形网格组成

领域是由单元面组成的连续数据区域，不含有单元边线和单元顶点，在进行领域划分时，可根据曲率值划分出不同特征区域。通过领域划分进行逆向参数化建模的流程如图6-2所示。

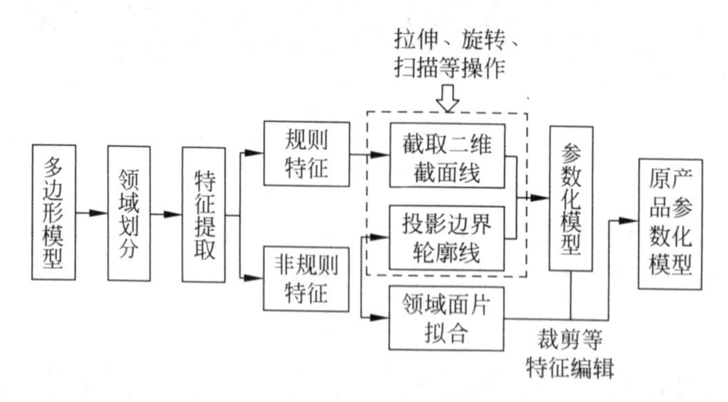

图6-2 逆向参数化建模流程

如图6-2所示，基于领域划分的逆向参数化建模方法首先是对多边形模型按曲率进行领域划分，将模型各特征通过领域组进行表达；然后根据领域进行特征提取创建二维截面线和投影边界轮廓线，并对参数值进行修改和添加线段约束关系，获得更加准确的二维草图，再对草图进行拉伸、旋转、扫描等操作，创建参数化模型；同时根据领域进行曲面拟合，创建面片；最后将面片与参数化模型进行布尔运算，得到准确的原始产品参数化模型。在进行特征提取时，领域会消除单元边线和单元顶点的影响，从而提取出更加规则的特征形状以及拟合出更准确的曲面片。

根据曲率划分领域，可以更好地区分不同特征，而且可以手动对于同一特征进行编辑，划分出若干领域，有利于特征的更好表达。因此，合理、准确地划分领域，对有效地构建精确逆向参数化模型具有重要意义。

6.2 领域阶段主要操作命令

领域阶段包含“线段”“编辑”“几何形状分类”3 个操作组，如图 6-3 所示。

图 6-3 领域阶段操作工具界面

(1) “线段”操作组：基于数据模型曲率与几何特征进行数据划分，使数据模型以一组领域形式表达，包含“自动分割”和“重分块”操作。其中，“自动分割”是根据数据模型的曲率将原数据模型自动地划分为不同的领域，使用一组领域表达出原数据模型各特征；“重分块”是在自动分割后，某些划分领域不理想的情况下，选中要重新划分的领域，实现以不同曲率重新对领域进行自动归类，从而使领域组能够更好地表达出数据模型各特征。

(2) “编辑”操作组操作界面如图 6-4 所示，主要用于对划分后的领域进一步进行编辑。所包含的操作工具有：

图 6-4 “编辑”操作组界面

① “合并”：将多个领域合并为一个领域。

② “分割”：通过绘制多段线，将某一领域分成多个领域。

③ “插入”：将手动选择的某一数据区域定义为新建领域。

④ “分离” 分离：将某一领域不相邻区域分离，形成相互独立的不同领域，如图 6-5 所示。

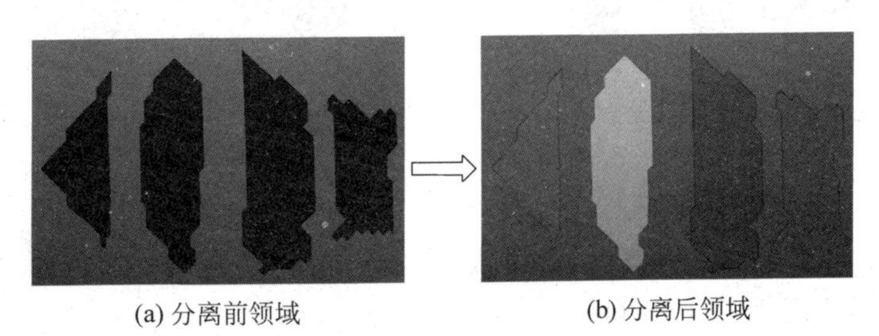

(a) 分离前领域　　(b) 分离后领域

图 6-5 分离领域

⑤ “扩大” 扩大：增加领域的面积。

提示：扩大某一领域时，如果该领域周围数据区域已划分出其他领域，则该领域不能延伸，如果该领域周围存在未划分数据区域，则该领域允许向周围延伸。

⑥ “缩小” ：减小领域的面积。

(3) “几何形状分类”操作组：包含“公差”“孤立点”两个参数设置选项及“容许编辑”操作选项。其中，“公差”是用于设定计算领域时允许的偏差范围，操作人员可依据设计需要，手动输入公差值，也可选择软件提供的自动、中范围和长范围3种参数值选项；“孤立点”是拟合领域时为保证领域精确、光顺所忽略的部分偏差较大数据，其参数值是所忽略的部分数据模型相对整体数据模型所占的百分比，一般选用默认值；“容许编辑”是允许操作人员对领域进行编辑，一般勾选该选项。

6.3 应用实例

领域阶段通过数据模型表面曲率不同进行领域划分，而后设计人员依据不同几何特征，进行领域编辑，使得数据模型由一组领域表达。编辑后的领域具有几何特征信息，可以用于创建新坐标系以及构建CAD模型。因此，合理、准确地划分领域，对于后续逆向建模具有重要作用。本节将以“轮盘”作为实例，讲解领域划分的具体操作及注意事项。具体操作步骤如下：

1. 自动划分领域

导入“轮盘”多边形模型后，选择菜单栏中“领域”，进入领域操作阶段，轮盘多边形模型如图6-6所示。

不改动“几何形状分类”操作组各参数值，取默认值，勾选“容许编辑”命令。选择“线段”→“自动分割”命令，弹出自动分割对话框，如图6-7所示。

图6-6 轮盘多边形模型

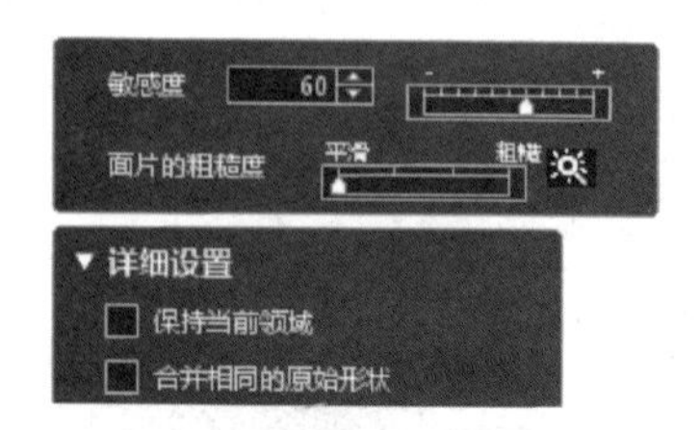

图6-7 “自动分割”对话框

对话框中主要选项说明如下：

(1) “敏感度”，是指曲率敏感度，敏感度值越低，划分的领域数量越少，反之，划分的领域数量越多，选择范围是0.0～100。

(2) “面片的粗糙度”，是指当前多边形模型的粗糙度情况，用于计算曲率时，忽略粗糙度对领域划分的影响。自平滑至粗糙分为4个等级，一般单击“估算” 命令，自动计算粗糙度情况。

(3) “保持当前领域”，是指不改动已划分领域区域，对未划分区域进行领域划分。

(4) “合并相同的原始形状”,是指将曲率变化相同但不相互连接的领域合并为同一领域。

将“敏感度”操作选项参数值设置为 30,单击“确认”✅命令,划分领域如图 6-8 所示。

提示:设置相同敏感度参数值,所划分出的领域也可能存在差异。所设置的参数值应尽可能使划分所得各领域表达出模型各特征,从而减少手动编辑工作量,提高建模效率。为方便设计人员直观地辨别出不同领域,将不同领域以不同颜色显示。

图 6-8 自动分割后领域

2. 领域编辑

通过“自动分割”命令进行领域划分,所得领域组一般会出现如下问题:①同一特征由若干领域表达;②不同特征间因曲率变化较小由同一领域表达;③表达不同特征间连接曲面(如倒角等)的领域区域不准确。因此,需要进行领域编辑解决上述问题,领域编辑时常用到合并、分割、扩大、缩小命令。

对于问题 1,如图 6-9 所示,同一特征由领域 1 和领域 2 表达,可通过领域合并解决该问题。单击领域 1 内任意一点,即可选中领域 1,按住 Ctrl 键,单击领域 2 内任意一点,即可同时选中领域 1 和领域 2,此时选择“编辑”→“合并”命令,即可将两领域合并。

提示:合并后领域显示颜色为最先选中的领域颜色。该操作先选中领域 1,因此,合并后的领域颜色与领域 1 颜色相同。

对于问题 2,如图 6-10 所示,领域 1 包含连接曲面(用于连接领域 1 和领域 3 所形成的领域 2),可通过领域分割解决该问题。选择“编辑”→“分割”命令,选中领域 1,使得当前分割领域为领域 1。单击即可创建分割点 1,然后单击即可创建分割点 2,同时生成分割线,将领域 1 分割出一个新领域,如图 6-11 所示。

图 6-9 待编辑问题 1

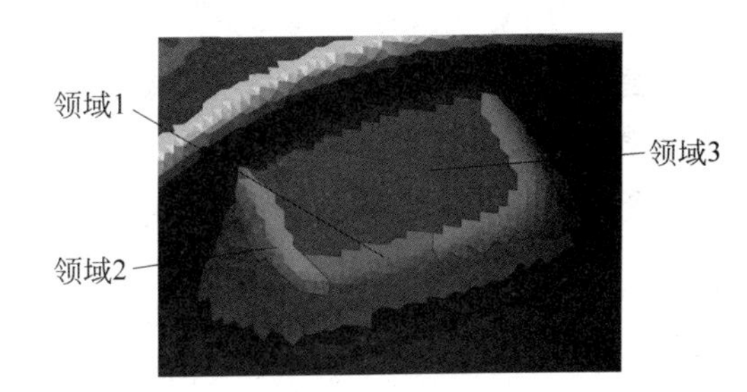

图 6-10 待编辑问题 2

将新领域与领域 2 合并,即可完成领域编辑,编辑后领域如图 6-12 所示。

对于问题 3,如图 6-12 所示,领域 2 应表达为连接曲面,其区域范围过大,可通过缩小、扩大领域范围命令解决该问题。选中领域 2,选择“编辑”→“缩小”命令,即可缩小领域 2 区域。选中领域 1 或领域 3,选择“编辑”→“扩大”命令,即可扩大所选领域区域,编辑后领域区域分布如图 6-13 所示。

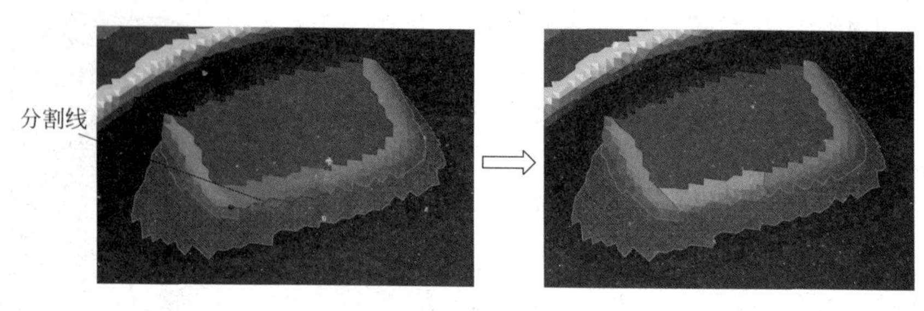

图 6-11 分割领域

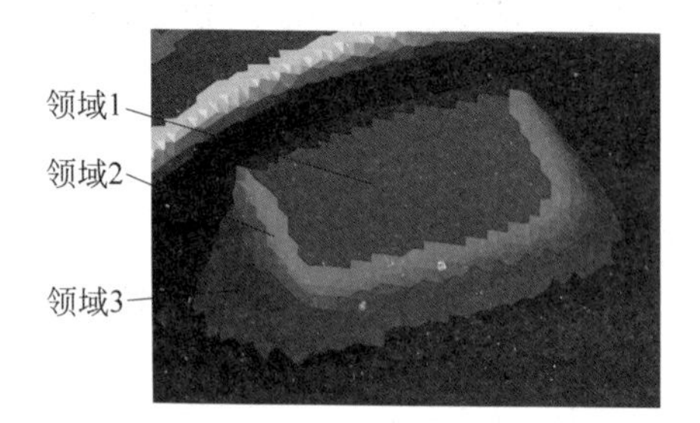

图 6-12 分割、合并后领域

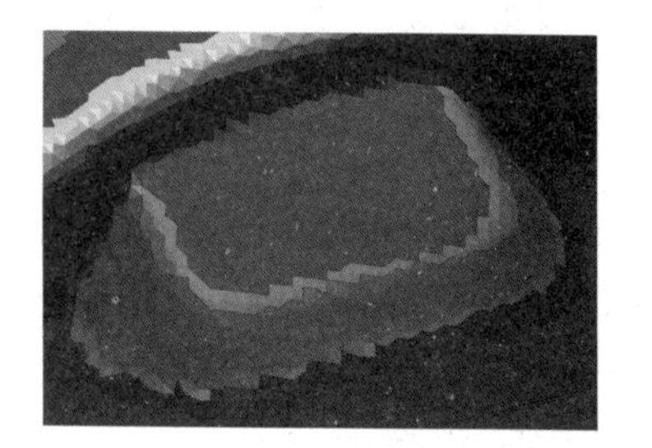

图 6-13 编辑区域后领域

按照上述问题相应解决办法编辑领域后，获得领域组中各领域分布如图 6-14 所示。

图 6-14 编辑后领域

提示：按曲率划分领域和手动编辑领域可以实现不同特征更好地进行区分，也可以对同一特征的不同形状区域进行辨别，有利于规则特征提取和非规则特征进行曲面拟合，从而更有效地创建参数化模型。

第7章

Geomagic Design X草图模块处理技术

7.1 Geomagic Design X 草图模块简介

Geomagic Design X 软件中的草图模块功能与主流的正向 CAD 软件类似，利用该模块可以在三维空间中的任何一个平面内建立草图平面。应用草图模块中提供的草图工具，用户可以轻易地根据设计需求画出模型的平面轮廓线；通过添加几何约束与尺寸约束可以精确控制草图的几何尺寸关系，精确表达设计的意图，实现尺寸驱动与参数化建模。创建的草图还可以进一步用实体造型工具进行拉伸、旋转等操作，生成与草图相关联的实体模型。

草图模块在逆向建模过程中的主要功能是利用基准平面的偏移平面截取模型特征的轮廓线，并利用其草图绘制功能对截取的截面轮廓线进行绘制、拟合和约束等操作，使其尽可能精确地反映模型的真实轮廓。首先在对点云模型或面片模型进行特征分解和功能分析，在明确原始设计意图的基础上，根据特征及功能的主次关系制定合理的建模顺序。然后根据不同的模型特征选取合适的基准平面，通过基准平面的偏移平面与模型相交，获取能够清楚表达模型特征轮廓的截面线。最后通过绘制、拟合等操作将投影在基准平面的截面轮廓线重构，并添加尺寸和位置约束，便于后续的参数化建模。

7.2 草图模块的主要操作命令

草图模块包括“设置”“绘制”“工具”“阵列”“正交的约束条件”“一致的约束条件”“再创建样条曲线”7 个操作组，如图 7-1 所示。

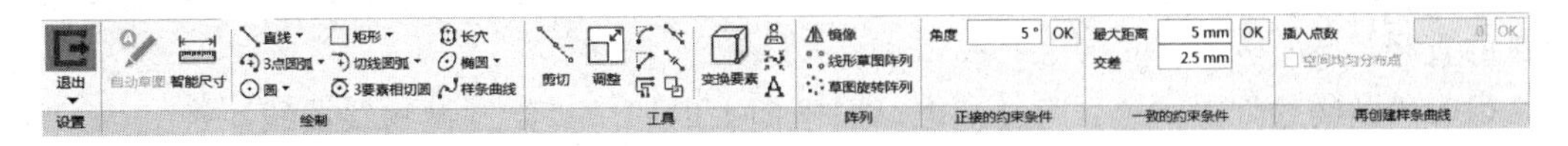

图 7-1　草图模块操作工具界面

1. “设置”操作组

“设置”操作组包含草图和面片草图两种模式，如图 7-2 所示，通过该选项软件可进入两种不同的草图绘制模式。

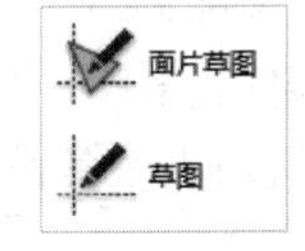

图 7-2　“设置”操作组

(1) “面片草图”：软件进入面片草图绘制模式，即通过定义基准平面，截取模型的截面轮廓多段线，再利用草图工具拟合绘制二维草图。

（2）“草图”：软件进入草图绘制模式，与常规的 CAD 软件草图绘制类似，即通过直线、圆、样条曲线等绘图命令进行草图的绘制。

2. “绘制”操作组

“绘制”操作组包括绘制曲线、基本图形和标注尺寸等工具，它的操作界面如图 7-3 所示。

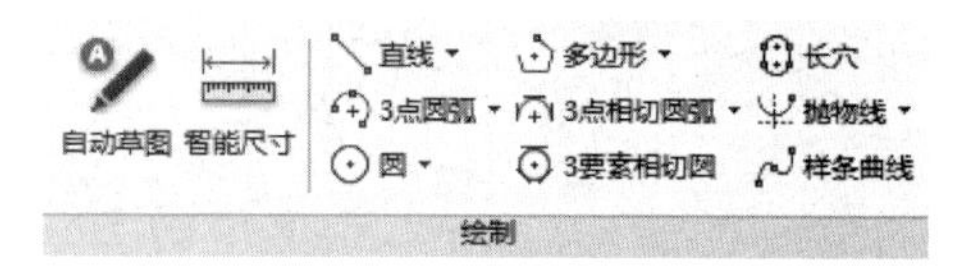

图 7-3　“绘制”操作组

该操作组所包含的操作工具如下：

（1）“自动草图”：软件自动从多段线处提取直线和弧线，以创建完整、受约束的草图轮廓。

（2）“智能尺寸”：将精确尺寸标注到草图中，例如距离、角度、半径等。

（3）“直线” 直线：绘制一条或多条直线。单击开始绘制直线，每次单击都会完成绘制一条线段，双击则结束直线绘制。

“参照线”： 参照线：绘制可用于构造的参照线。此类型的构造几何形状可与草图要素一同使用。

（4）“3 点圆弧” 3点圆弧：通过设置起始点、终点和半径绘制圆弧。

“中心点圆弧” 中心点圆弧：通过设置中心、起始点和终点绘制圆弧。

（5）“圆” 圆：绘制一个圆。单击确定圆的中心点，再次单击设置圆的半径。

“外接圆” 外接圆：通过确定 3 个点定义圆周的方式来创建一个圆。

（6）“多边形” 多边形：通过指定边数、位置和尺寸来创建标准的多边形。

“矩形” 矩形：通过确定对角绘制矩形。

“平行四边形” 平行四边形：通过 3 点法绘制平行四边形。前两点定义底长，最后一点定义高度和角度。

（7）“3 点相切圆弧” 3点相切圆弧：使用接触基准草图平面上其他三个草图要素边线的内接圆绘制圆弧。

“切线圆弧” 切线圆弧：选择圆弧或线段等草图图形的一个端点作为起点，该起点也是所做圆弧与原图形的切点，然后确定终点，得到所绘制的圆弧。

（8）“3 要素相切圆” 3要素相切圆：绘制接触基准草图平面上其他三个草图要素边线的内接圆。

（9）“长穴” 长穴：通过三点法绘制长穴。前两点定义长穴的边长，最后一点定义长穴圆弧的直径。

（10）“抛物线” 抛物线：通过基准草图平面上的四个点绘制抛物线曲线。

“椭圆” 椭圆：绘制一个椭圆。单击第一次确定椭圆中心点，单击第二次确定椭圆的定向和第一条半径，单击第三次确定第二条半径。

“局部椭圆” 局部椭圆：绘制椭圆弧。单击第一次确定椭圆中心点，单击第二次确定椭圆的定向和第一条半径，单击第三次确定第二条半径，单击第四次确定椭圆弧的终点。

（11）“样条曲线” 样条曲线：使用插入点绘制样条曲线。

3. “工具”操作组

“工具”操作组主要是对草图要素的修剪、移动、变换等，它的操作界面如图 7-4 所示。

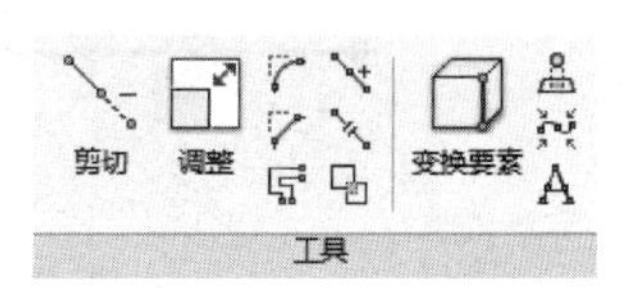

图 7-4 “工具”操作组

该操作组所包含的操作工具如下：

(1) “剪切”：包括“分割剪切” 分割剪切 和“相交剪切” 相交剪切。都是移除草图中不需要的部分，如自由线段或与其他草图几何相交的线段。

(2) “调整”：通过鼠标选中草图要素的一个端点并拖动调整它的尺寸。

(3) “圆角”：在两条交叉直线或指定半径的弧线之间创建相切圆角。

(4) “倒角”：分为“距离-距离”方式和“距离-角度”方式的倒角。

(5) “偏移”：以用户自定义的距离和方向偏离草图要素。

(6) “延长”：将草图图形延长至与另一草图图形相交。

(7) “分割”：在不删除任何线段的情况下，将一个草图要素分割成多个断点。

(8) “合并”：将多个草图中的要素合并到一个要素中。该功能与分割相反。

(9) “变换要素”：将参数模型中的边线或草图中的曲线等投影到当前草图的基准平面上，并变换为当前草图的草图要素。

(10) “轮廓投影”：将某一特征的外轮廓投影到当前草图基准平面上并变换成草图要素。

(11) “变换为样条曲线”：将线段、弧线段变换为样条曲线要素。

(12) “将文本变换为样条曲线” A：将文本变换为样条曲线要素。

4. “阵列”操作组

“阵列”操作组是对草图要素进行一定规则的复制和排列，它的操作界面如图 7-5 所示。

该操作组所包含的操作工具如下：

(1) “镜像” 镜像：生成关于轴或草图线对称的草图图形要素。

(2) “线性草图阵列” 线形草图阵列：沿一条或两条线性路径的统一距离创建草图要素的多个复制。

(3) “草图旋转阵列” 草图旋转阵列：通过一个定位点，沿一个圆形角度的统一间隔创建草图要素的多个复制。

5. “正接的约束条件”操作组

“正接的约束条件”是判断两草图要素在交点处是否相切。通过设定一个允许的角度偏差值，并计算相连的两个草图要素在交点上所成的角度，若该角度小于设定的角度值，就将这两个草图要素在交点上的约束设置为相切约束。它的操作界面如图 7-6 所示。

图 7-5 “阵列”操作组

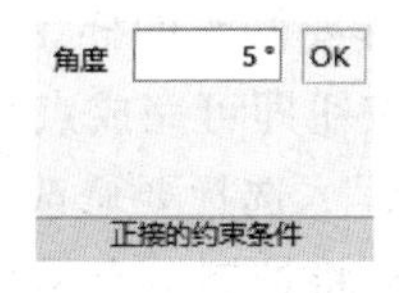

图 7-6 “正接的约束条件”操作组

应用“正接的约束条件”操作命令前后的草图示例如图 7-7 所示。

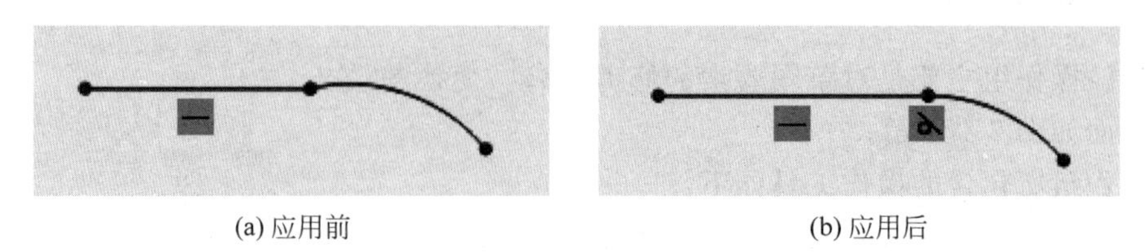

(a) 应用前 (b) 应用后

图 7-7 应用“正接的约束条件”操作前后的草图示例

6. “一致的约束条件”操作组

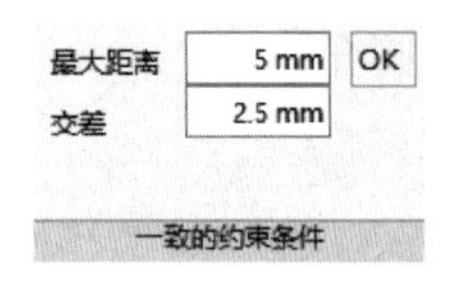

图 7-8 “一致的约束条件”操作组

“一致的约束条件”操作组是判断两草图要素的端点是否重合。通过设置两草图要素的端点相离或相交的允许值，若实际值在允许范围内，就可以判定这两个草图要素的端点重合。它的操作界面如图 7-8 所示。

(1) “最大距离”：当草图要素的端点之间间隔的距离小于设定的最大距离时，将它们的端点进行重合约束。

(2) “交差”：当草图要素之间的交差值小于设定的交差值时，将它们的端点进行重合约束。应用“一致的约束条件”操作组前后的草图示例如图 7-9 所示。

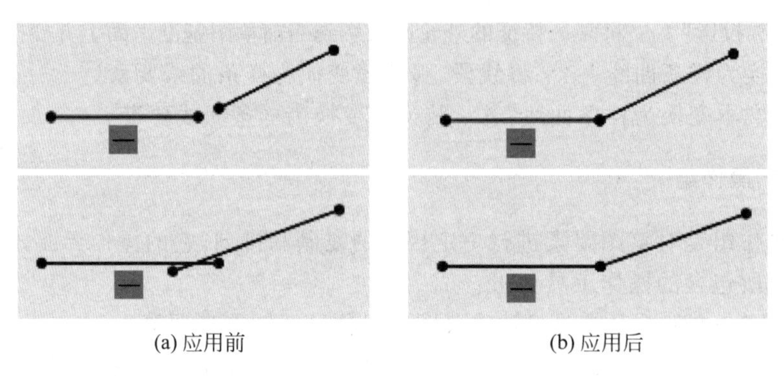

(a) 应用前 (b) 应用后

图 7-9 应用“一致的约束条件”操作前后的草图示例

“一致的约束条件”操作在绘制复杂草图时能够快速地检查并修正各草图要素之间的连接问题。

7. “再创建样条曲线”操作组

“再创建样条曲线”操作组可以改变已有样条曲线的控制节点的点数，还可以调整这些点使它们均匀分布。它的操作界面如图 7-10 所示。

图 7-10 “再创建样条曲线”操作组

(1) “插入点数”：选择要修改的样条曲线，并重新设置控制节点的总数，单击 OK 按钮即可完成点数的增加。

(2) “空间均匀分布点”：选择要修改的样条曲线，勾选该选项后，单击 OK 按钮即可将控制节点尽量均匀分布在该样条曲线上。

应用“再创建样条曲线”操作命令修改控制节点数和勾选“空间均匀分布点”前后的草图示例如图 7-11 所示。

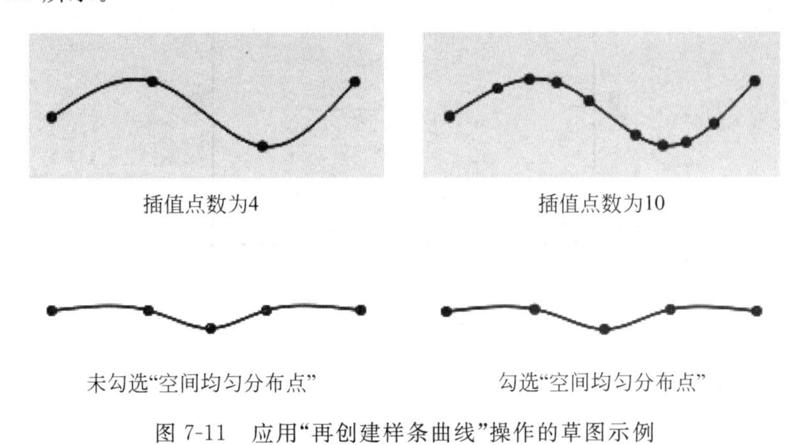

图 7-11 应用“再创建样条曲线”操作的草图示例

7.3 应用实例

草图模块中草图绘制有两种方法：一种是借助画图工具根据设计要求直接绘制，另一种是在已有数字化模型的基础上，通过基准平面的偏移平面截取草图轮廓的多段线。两种方法分别对应软件中“草图”和“面片草图”两种绘图模式。其中，“草图”模式能够完全根据原始设计意图和功能需求进行草图绘制，适合产品的原创设计；而“面片草图”模式能够高效精确地拟合绘制出已有模型的二维草图，适合在已有产品上进行创新再设计。

本节将通过两个实例详细讲解在两种模式下，软件的具体操作流程以及在操作过程中需要注意的事项。

实例 1：“草图”模式下的操作

目标：了解如何创建草图和草图的基本原理，以及如何正确地将草图中创建的各要素进行约束和标注。具体操作步骤如下：

1. 创建草图

在最顶端工具栏中选择“新建”图标或使用快捷键“Ctrl＋N”创建一个新的图档，然后选择“草图”→“设置”→“草图”命令，再选择一个基准平面作为草图平面，即可开始创建 2D 草图。

提示：选择基准平面后草图会立即启动，如果在选择“草图”命令前已经选择了“草图”平面，则选择“草图”命令后会立即进入“草图”模式。

2. 绘制草图

选择“草图”→“绘制”→“矩形”命令，创建一个矩形。在草图平面上任意位置单击确定矩形的起点，拖动鼠标再次单击确定矩形的终点，再在模型视图中右击，在弹出菜单中单击“确定”按钮 ✔，完成的矩形如图 7-12 所示。

提示：草图创建完成后，可以使用鼠标拖拽矩形上的线或点来修改矩形的大小和位置。

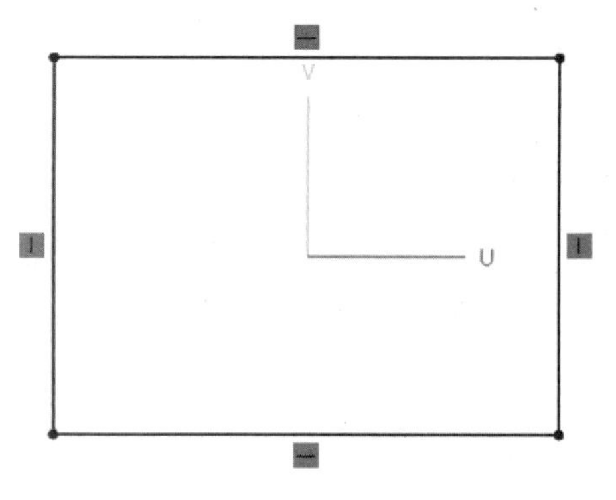

图 7-12 创建的矩形

3. 查看和设置约束

当需要查看草图中各要素的约束情况时，可以双击目标要素，弹出显示该要素的信息和约束条件的窗口。在“约束条件”中可以删除或修改该要素的约束条件。

在本例中双击矩形左侧竖直线弹出的信息窗口如图 7-13 所示。

当需要添加草图要素间的相互约束条件时，可以先选中第一个需要约束的草图要素，再按住 Shift 键双击另一个草图要素，此时弹出关于两者约束条件的操作窗口。在“共同的约束条件”中显示的是两个要素之间的相互约束条件，在“独立的约束条件”中显示的是两个要素各自的约束条件。

在本例中先选择矩形的左侧竖直线，再按住 Shift 键双击右侧竖直线，弹出“约束条件”窗口。如果只要求这两条线是互相平行的，可以在“共同的约束条件”中选择“平行”。而“垂直”约束条件会使这两条线始终保持竖直，可以在“独立的约束条件”中选择“垂直”，再单击下方的“移除约束”删除该约束条件，如图 7-14 所示。

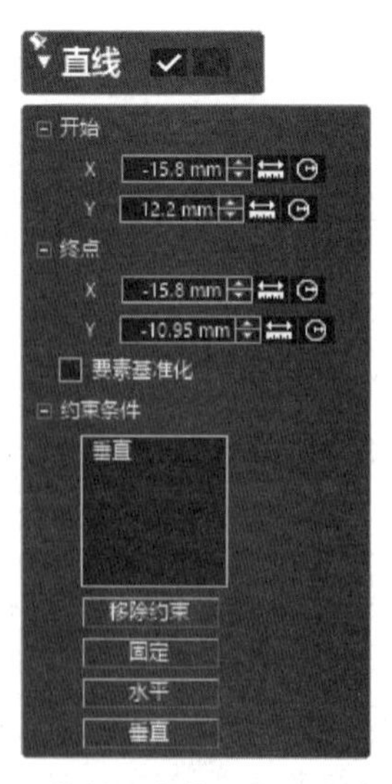

图 7-13 草图要素信息和约束条件窗口

图 7-14 草图要素之间的约束条件

同样地，将上方水平线与下方水平线之间的约束条件设置为“平行”，并删除各自的“水平”约束条件；再设置上方水平线与左侧竖直线之间的约束条件为“正交”，此时草图的约束关系如图 7-15 所示。

4. 绘制中心线

选择“草图”→“绘制”→“参照线”命令，移动光标至左侧线的中间，当出现“中点”图标 ⁄ 时，单击开始创建中心参照线，将另一端点连接到坐标原点。同样地，另一条中心参照线是连接下方线的中点与原点，如图 7-16 所示。

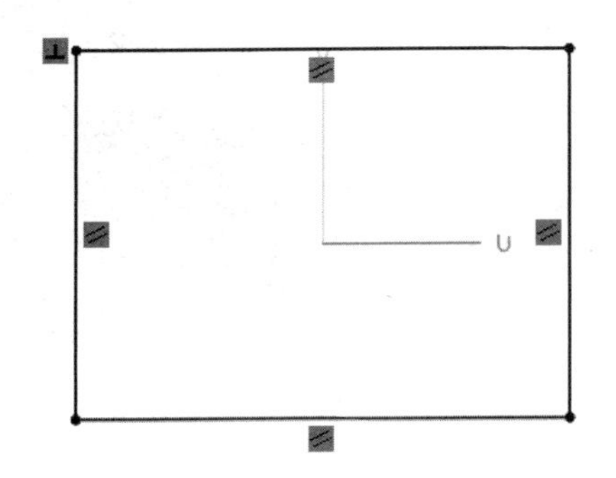

图 7-15　更改约束条件之后的草图

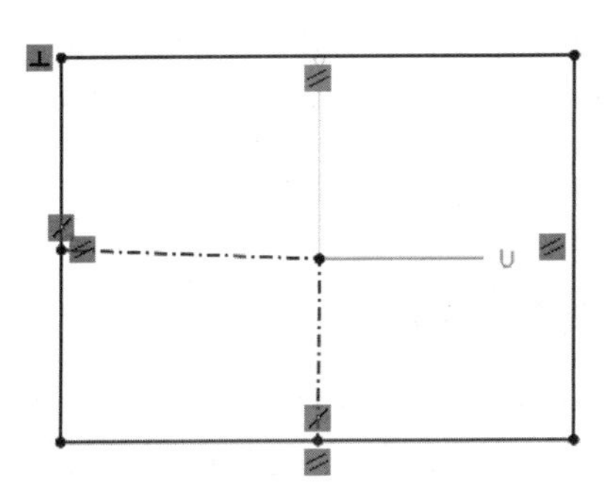

图 7-16　绘制的中心线

按步骤 3 中设置草图要素之间的约束条件的方法，将这两条中心线与左侧线和下方线的约束条件分别设置为“正交”，如图 7-17 所示。

提示：草图要素颜色显示为黑色时表示已完全约束，如图中两条中心线的交点，该点为黑色说明交点已固定于坐标原点上；单击拖动矩形边线的中点，可以旋转和调整矩形的大小与位置。

5. 尺寸标注

选择“草图”→“绘制”→“智能尺寸”命令，用单击选择草图要素或依次选择两个草图要素，可以标注出草图要素的长度或草图要素之间的距离、所成角度等，并在“值”中修改数值。

本例中设置矩形的长和宽分别为 30mm 和 20mm，左侧线上的中心线与水平方向成 15°角，整个草图颜色变为黑色，说明草图的大小位置已固定，如图 7-18 所示。

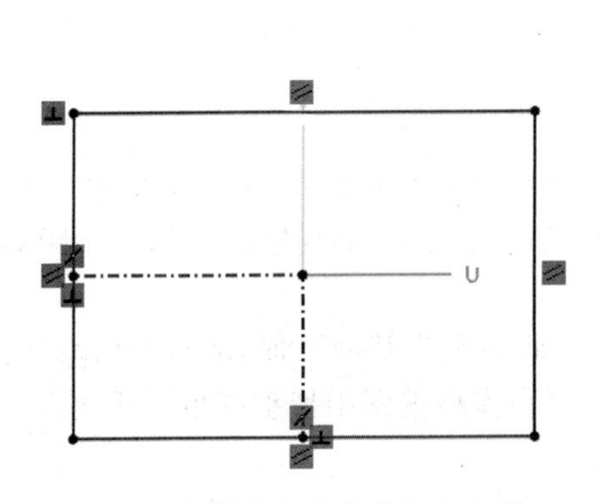

图 7-17　设置约束条件的中心线

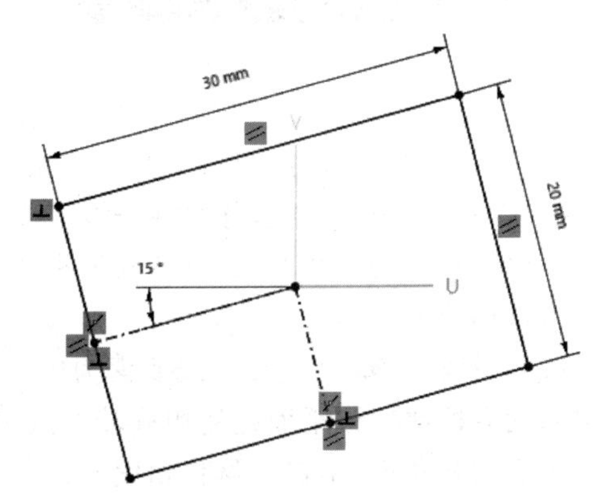

图 7-18　完整的草图

至此，一个完整的草图就已创建好了，单击“退出”图标即完成草图的绘制。

实例 2：面片草图模式下的操作

目标：对已有的数字模型进行结构分解和功能分析，根据结果选取合适的基准平面截取特征轮廓线。然后借助草图模块提供的绘制工具将轮廓线精确地拟合重构。

1. 打开模型文件

启动 Geomagic Design X 软件，在软件界面的左上角选择“打开”图标或使用快捷键 Ctrl+O，弹出“打开模型文件”对话框，查找并选中 Model 文件，单击“打开”，模型即显示在模型视图窗口。该模型的领域已分割完成，坐标系也已对齐，如图 7-19 所示。

图 7-19　模型

2. 获取断面多段线

选择“草图”→“设置”→“面片草图”命令，弹出“面片草图的设置”操作窗口（见图 7-20），选择“平面投影”，在“基准平面”中选择“前”平面作为草图的绘制平面，设置“由基准平面偏移的距离”为 10mm，偏移得到截取平面，单击 OK 按钮，即得到投影到基准平面的断面多段线，如图 7-21 所示。

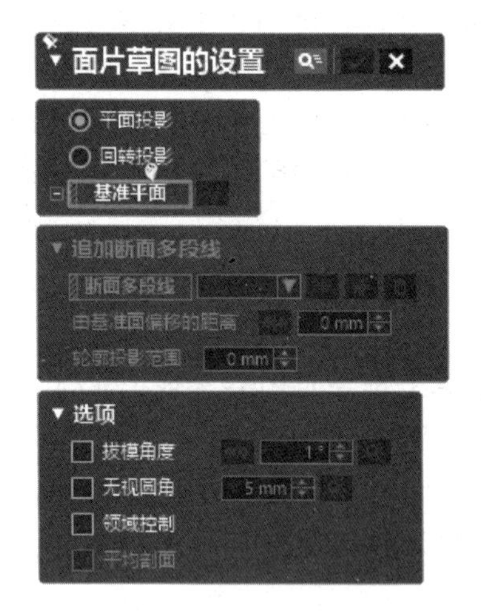

图 7-20　“面片草图的设置”操作窗口

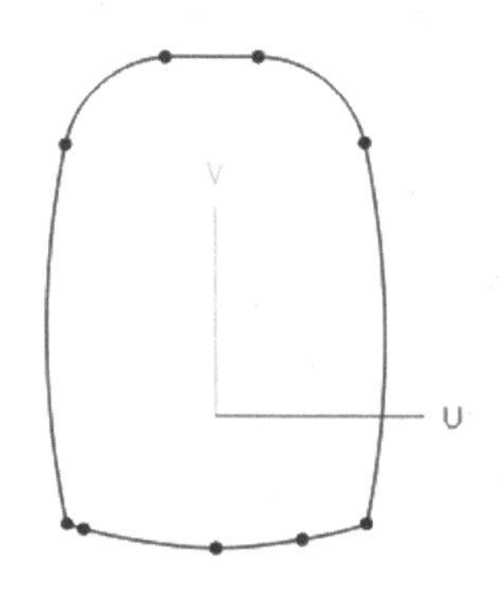

图 7-21　断面多段线

“面片草图的设置”操作窗口的具体说明如下：

（1）“平面投影”：选择平面要素为基准平面，从与平面相交处提取断面多段线。该平面是使用偏移方式定义的，通过在模型视图中拖动蓝色箭头或在“由基准平面偏移的距离”中输入偏移数值。

（2）“回转投影”：选择直线要素为中心轴，选择平面要素为基准平面，从与平面相交处提取断面多段线。该平面是使用旋转方式定义的，通过在模型视图中拖动绿色环线或在“由基准平面偏移角度”中输入偏移角度。

提示：可以拖动截断平面上的红、绿、蓝控制点来改变该平面的大小位置或进行旋转。

(3)“轮廓投影范围”：输入数值(角度)或在模型视图中拖动箭头，可以从截取平面开始的一段范围内提取轮廓作为断面多段线。

(4)“选项”中操作的具体说明：

① “拔模角度”：在有拔模角度面片上提取多段线时，通过设置拔模角度，可以在偏移平面上提取没有拔模角度的断面多段线。

② “无视圆角”：删除断面多段线中比设定值小的圆角多段线。

③ “领域控制”：选择要提取断面多段线的领域。

④ “平均剖面”：在截取的多个断面多段线中获取平均剖面作为断面多段线。

3. 绘制草图

在模型树中单击面片前面的按钮，隐藏三维模型以方便绘制草图。

选择“草图”→“绘制”→“直线”命令，单击“断面多段线”的顶部线段，拟合一条最符合本段的直线，单击 OK 按钮，再双击刚刚创建的直线，弹出该直线的相关信息窗口，在“约束条件”中选择“水平”，将该直线设定为一条水平的直线。

选择“草图”→“绘制”→“3 点圆弧”命令，单击“断面多段线”的左侧弧线，拟合一条最符合本段的圆弧，然后单击“适用拟合”，即完成该圆弧的拟合。再选择右侧弧线段，按照同样的操作进行拟合。

由于该模型的底面并不垂直于本草绘的基准平面，可以先将模型底部加长一部分，再在以后的模型创建中用曲面切除。因此可以在“断面多段线”底部的下侧画一条水平的直线，如图 7-22 所示。

从图 7-22 中可以看出，线与线之间不是封闭连接的，即端点不重合，可以打开右侧工具栏的精度分析命令(Accuracy Analyzer)，勾选“分离的终点”，可以发现草图上的开放端点均以绿色显示。

下面介绍如何去除草图的开放点：

选择“草图”→“工具”→“圆角”命令，取消勾选“指定值”和“添加尺寸”，依次选择圆角两端的草图要素即创建出圆角，单击 OK 按钮退出圆角命令，左键选中刚刚创建的圆角并拖动鼠标去接近“断面多段线”的圆角部分，当出现图标 ⋌ 时，说明圆角拟合完成。如图 7-23 所示。

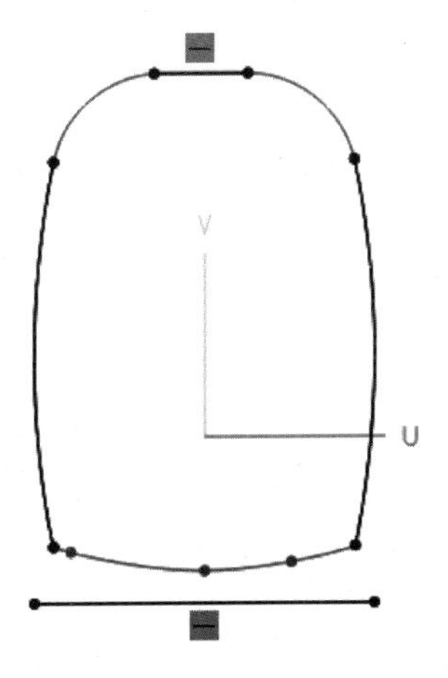

图 7-22　拟合的部分草图

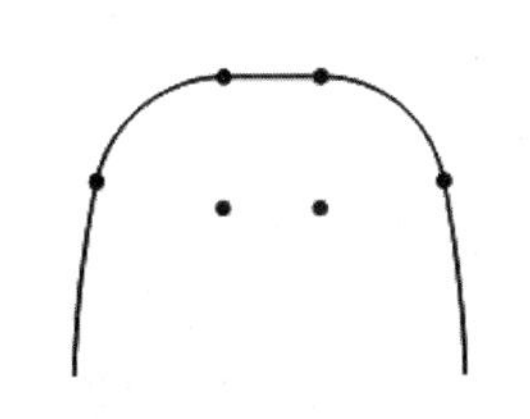

图 7-23　拟合草图的圆角

提示：可以使用“智能尺寸”来给草图要素设置尺寸。

选择“草图”→“工具”→“剪切”命令，再选择“相交剪切”，依次选择草图的剪切保留部分如箭头所指部分，单击 OK 按钮完成草图的相交剪切，如图 7-24 所示。

最后单击“退出”图标 E，得到模型的外轮廓草图如图 7-25 所示。

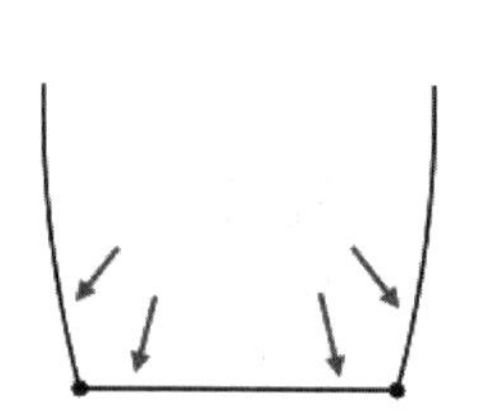

图 7-24 “相交剪切”修剪草图

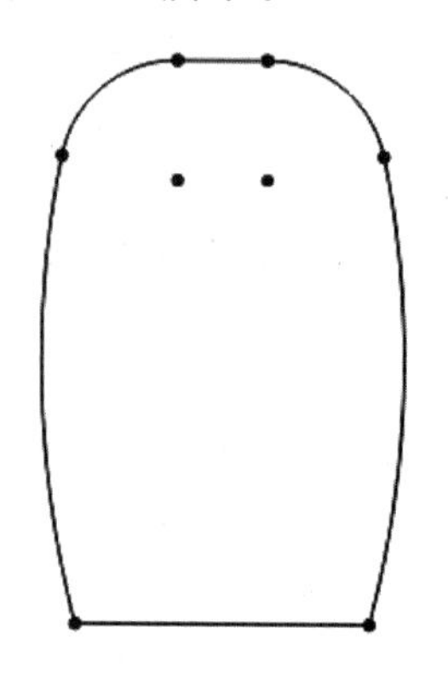

图 7-25 模型的外轮廓草图

提示：该草图可以选择“草图”→“绘制”→“自动草图”命令，然后框选所有“断面多段线”，即可完成草图的绘制。

同样，创建该模型所需的其他部分的草图也是通过这样的方法进行创建的。如需改变草图的基准平面，可以创建新的平面并选择它为基准平面。该模型还需创建的草图是在另一个平面上创建的，创建的所有草图如图 7-26 所示。

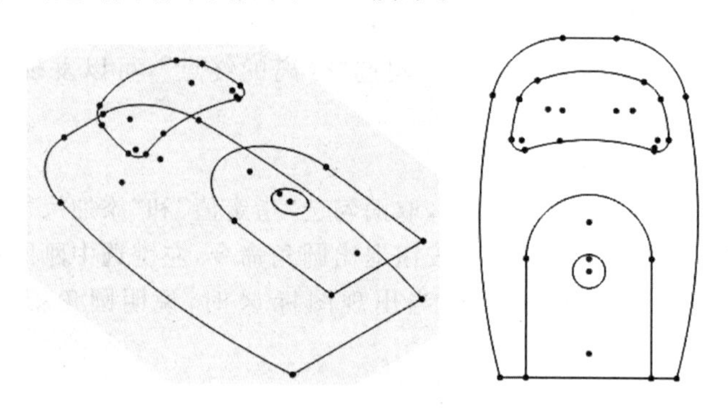

图 7-26 模型需要创建的所有草图

最后这些草图可以利用该软件中正向设计的操作（实体拉伸、布尔运算等）重建得到模型的参数化实体模型。

第8章

Geomagic Design X建模技术

8.1 Geomagic Design X 建模技术简介

Geomagic Design X 建模模块的要领是在前期点云数据处理的基础上，通过拖动基准平面与模型相交获取特征草图，再利用拉伸、旋转等操作命令创建出实体模型。首先根据模型表面的曲率设置合适的敏感度，将模型自动分割成多个特征领域，然后根据建模需求对领域进行编辑，即根据原始设计意图对模型特征进行识别，规划出建模流程。在已掌握设计意图的基础上，通过定义基准面和拖动基准面改变与模型相交的位置来获取模型特征截面线，并利用草图工具进行草图拟合，精确还原模型局部特征的二维平面草图，最后通过常用的三维建模工具创建出与原实物模型吻合的实体模型，其具体的操作流程如图 8-1 所示。

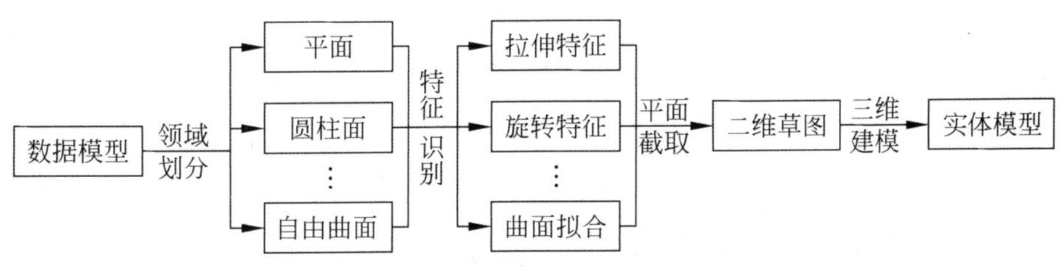

图 8-1　建模操作流程

8.2 建模模块的主要操作命令

建模模块包括“创建实体”“创建曲面”“向导”“参考几何图形”“编辑”“阵列”“体/面”等 7 个操作组，如图 8-2 所示。

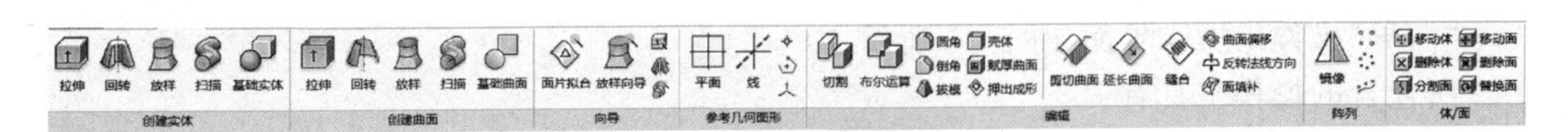

图 8-2　模块主要操作命令

1. “创建实体”操作组

“创建实体”操作组操作界面如图 8-3 所示。

所包含的操作工具有：

(1) “拉伸”：根据草图和平面方向创建新实体(可进行单向或双向拉伸，且可通过输入具体数值或选择“到达”条件定义尺寸)。

(2) “回转”：使用草图和轴或边线创建新回转实体。

(3) “放样”：通过至少两个封闭的轮廓新建放样实体(按照选择轮廓的顺序将其相互连接，或者可将额外的轮廓用作向导曲线，以帮助清晰明确地引导放样)。

(4) “扫描”：将草图作为输入创建新扫描实体。扫描需要两个草图，即一个路径一个轮廓。沿向导路径拉伸轮廓，以创建封闭扫描实体。

(5) “基础实体”：快速从带有领域的面片中提取简单的实体几何对象。

2. “创建曲面”操作组

“创建曲面”操作组操作界面如图 8-4 所示。

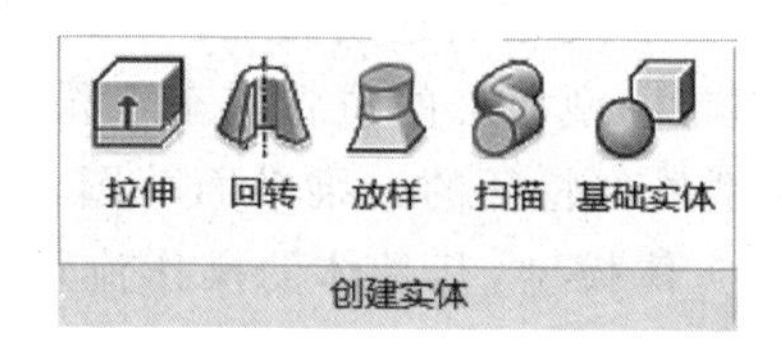

图 8-3 “创建实体”操作组

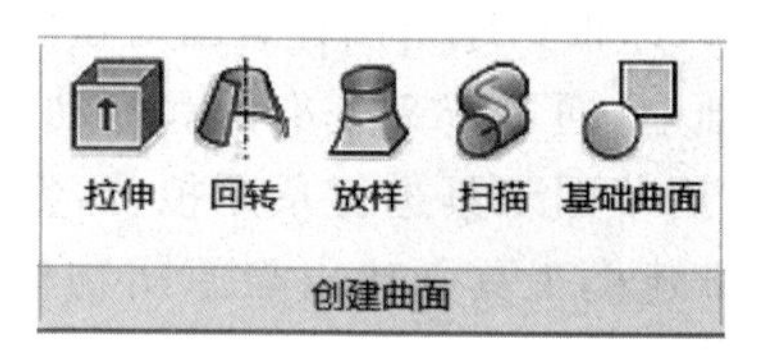

图 8-4 “创建曲面”操作组

所包含的操作工具有：

(1) “拉伸”：根据草图和平面方向创建新的曲面。

(2) “回转”：使用草图和轴或边线创建新回转曲面。

(3) “放样”：通过至少两个轮廓新建放样曲面。

(4) “扫描”：将草图作为输入创建新扫描曲面体。扫描需要两个草图，即一个路径一个轮廓。沿向导路径拉伸轮廓，以创建开放扫描曲面。

(5) “基础曲面”：快速从带有领域的面片中提取简单的曲面几何对象。

提示：曲面建模与实体建模的不同之处在于，曲面建模选取的是对象的几何边线，经过系列操作建成曲面模型，而实体选取的是对象的几何面，经过系列操作建成实体模型。

3. “向导”操作组

“向导”操作组操作界面如图 8-5 所示。

所包含的操作工具有：

(1) “曲面拟合”：将曲面拟合到所选单元面或领域上。

(2) “放样向导”：从单元面或领域中提取放样对象。该向导会以智能的方式计算出多个断面轮廓并基于所选数据创建放样路径。

(3)“拉伸精灵”：从单元面或领域中提取拉伸对象。该向导会根据所选领域，以智能的方式计算出断面轮廓、拉伸方向和高度。生成的对象可与现有体进行布尔运算。

(4)“回转精灵”：从单元面或领域中提取回转对象。该向导会根据所选领域，以智能的方式计算出断面轮廓、回转轴和回转角度。生成的对象可与现有体进行布尔运算。

(5)“扫略精灵”：从单元面或领域中提取扫描对象。该向导根据所选数据，以智能的方式计算出断面轮廓和路径。

4. “参考几何图形”操作组

“参考几何图形”操作组操作界面如图 8-6 所示。

图 8-5　“向导”操作组

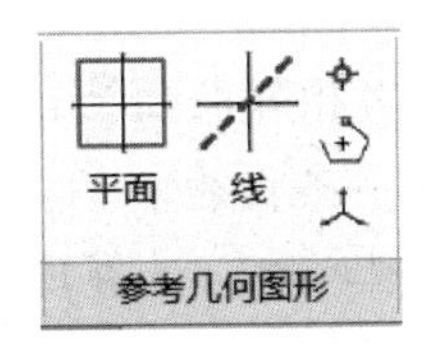

图 8-6　“参考几何图形”操作组

所包含的操作工具有：

(1)“平面”：构建新参照平面。此平面可用于创建面片草图、镜像特征等。

(2)“线”：构建新参照线。此线可以用来定义模型特征的方向或轴约束等。

(3)“点”：构建参照点。此参考点可用来标记模型上或 3D 空间中的具体位置等。

(4)“多段线”：构建参照多段线。多段线用来创建模型重建的参考曲线，参考曲线包含模型的特征线、截面线、边界线和中心线等。

(5)“坐标系”：构建新参照坐标系。坐标系可用于定义一组共享共用的原点轴。

5. “编辑”操作组

“编辑”操作组操作界面如图 8-7 所示。

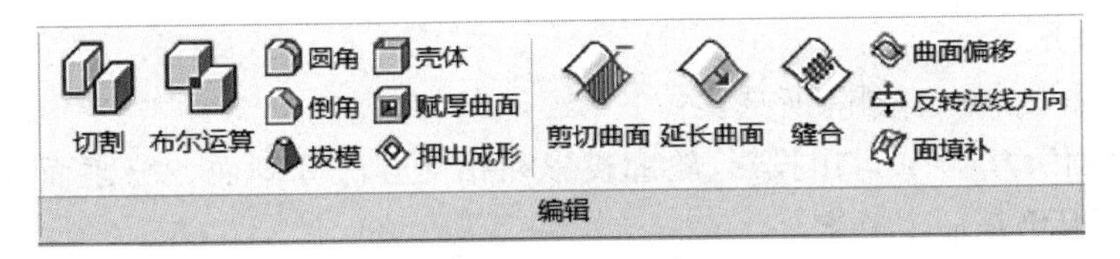

图 8-7　“编辑”操作组

所包含的操作工具有：

1) 实体编辑

(1)“切割”：用曲面或平面对实体进行切割。可以手动选择实体保留部分。

(2)“布尔运算”：对多个实体进行并、差、交的运算，得到所需的实体模型。将多个部分合并成一个整体；或用一个实体切割另一个实体；或保留多个部分的重叠区域。

(3)“圆角”：在实体或曲面体的边线上创建圆角特征。

(4)“倒角”：在实体或曲面体的边线上创建倒角特征。

(5)“拔模”：通过指定角度和距离创建实体或曲面体的拔模面。

(6)“壳体”：移除选定实体的已选面并以剩余面生成薄壁模型。

(7)“赋厚曲面”：将曲面赋厚为一定厚度的实体。

(8)“押出成形”：以2D草图或3D草图为截面草图，通过拉伸的方式在现有曲面或实体上创建凸起或凹槽。

2) 曲面编辑

(1)“剪切曲面”：对曲面体进行剪切。剪切工具可以是曲面、实体或曲线。

(2)“延长曲面”：延长曲面体的边界。用户可以选择单个曲面边线或整个曲面来延长曲面的开放边界。

(3)“缝合”：将相邻曲面结合到单个曲面或实体中。必须首先剪切待缝合的曲面，以使其相邻边线在同一条直线上。

(4)“曲面偏移”：选择现有曲面或实体的面来创建新的偏移曲面。

(5)“反转法线方向”：将曲面法线方向反转到相反方向。

(6)“面填补”：根据所选边线创建曲面。

6. “阵列”操作组

“阵列”操作组操作界面如图8-8所示，其所包含的操作工具有：

(1)“镜像”：选择某个面为对称面，创建实体或曲面的镜像。

(2)“线形阵列”：生成主体的副本并以用户定义的间隔和方向放置这些副本。

(3)“圆形阵列”：生成特征的副本并将其按设定规则放置在某半径的圆周上。

(4)“曲线阵列”：生成主体的副本并将其沿向导曲线放置。

7. “体/面”操作组

“体/面”操作组操作界面如图8-9所示，其所包含的操作工具有：

(1)“移动体”：移动、旋转或缩放实体或曲面体。也可借助基准，将一个体与另一个体或面片对齐。

(2)“删除体”：删除所选实体。

(3)“分割面”：运用投影、轮廓投影和相交方法分割面。分割面完成后，对象要素会有若干面，但仍是一个要素。

(4)“移动面”：选择曲面，使其沿指定方向移动设置的距离或沿所选轴线旋转设置的角度。

(5)“删除面”：移除实体或曲面体上的面。

(6)“替换面”：移除所选面、扩展相邻面并将原始面替换为其他面。

图8-8　“阵列”操作组

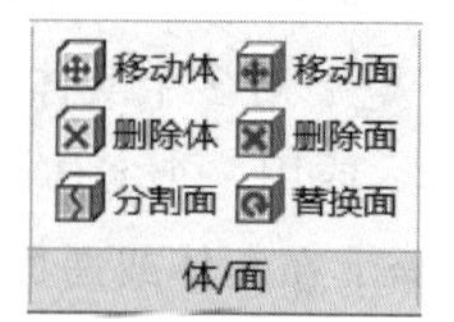

图8-9　“体/面”操作组

8.3　应用实例

1. 应用目标

本实例通过列举风扇叶片在建模过程中的一些主要步骤说明该软件在实际操作中所需要注意的一些事项，并利用模型的几何特征分别介绍了规则几何特征的建模和曲面建模两种建模方式。通过领域的划分以及编辑确认模型的设计意图，灵活地选取或创建基准平面对模型局部特征进行切割，获取精确描述几何特征形状的截面线，最终创建精度在允许偏差范围内的实体模型。

2. 应用步骤

1）导入模型和建模前期处理

将“扇叶”模型数据通过“打开”命令输入到工作界面后，使用领域模块中的自动分割命令对模型进行领域分割，再通过对齐模块将模型的几何中心与坐标原点重合，方便建模。其中，领域模块和对齐模块的各项功能和具体操作前面已进行详细介绍，在此就不再赘述。前期处理后的模型如图 8-10 所示。

提示：只有进行领域划分后，软件系统才能够识别模型的特征。所以在建模操作前，必须先对面片模型进行领域划分，规划好建模流程；为了方便建模时的定位和参照基准的选取，可以使用该模块中的“线”命令，提取两个基准面的相交线作为中心线。本例中提取“上”“右”基准面的交线“线 1”，即是中心线。

2）转子外轮廓建模

首先选择“草图”→“面片草图”命令，弹出“面片草图的设置”操作框，选择“回转投影”，在“中心轴”中选择“线 1”，在“基准平面”中选择“上”基准面，如图 8-11 所示。然后调整基准面的旋转面与模型的相交角度，选取能够清晰表达模型截面特征的一组断面多段线，如图 8-12 所示。

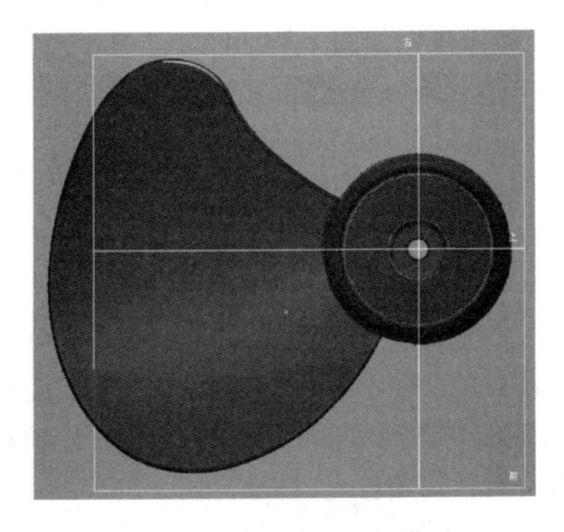

图 8-10　前期处理后的模型

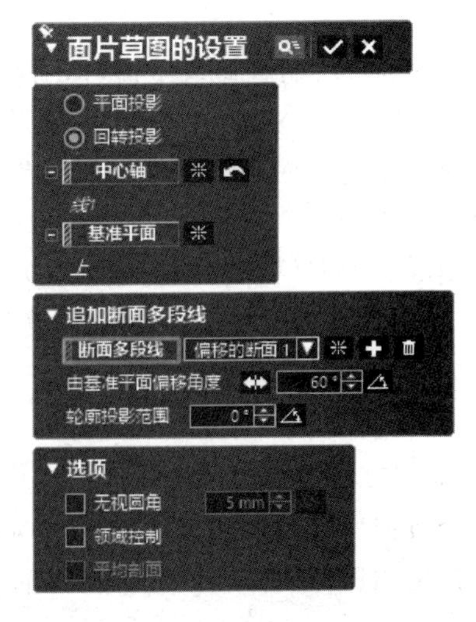

图 8-11　面片草图操作框

图 8-12　断面多段线

提示：所选的截取平面不一定都得是前、上、右三个基准平面中的一个，也可以根据模型特征和建模需求自己定义基准平面来作为截取平面。

在获取断面多段线后，单击视窗左下方“面片”前面的图标，将面片模型暂时隐藏。然后以断面多段线为基础，使用草图模块的功能拟合出回转特征的草图，拟合得到的草图如图 8-13 所示。

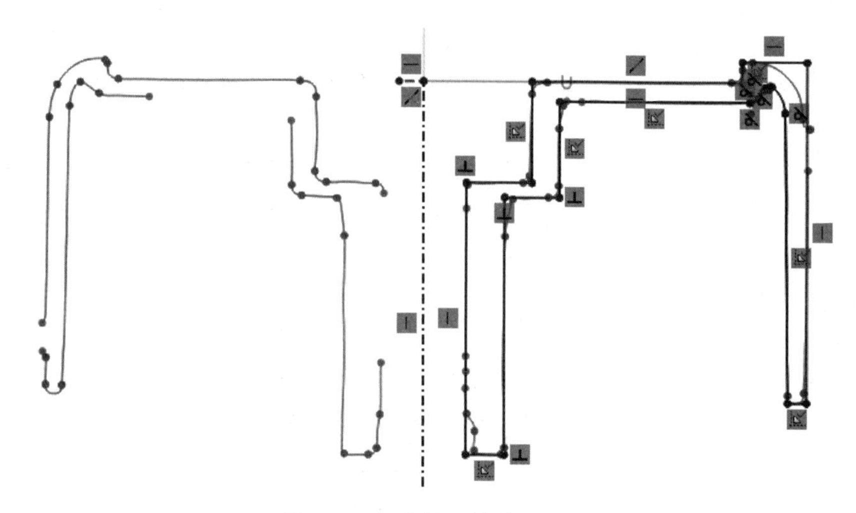

图 8-13　拟合的回转特征草图

提示：在绘制截面线草图时，需要添加要素间的几何约束关系，也可以添加尺寸约束。

选择“模型”→“创建实体”→“回转”命令，弹出的操作框如图 8-14 所示。“基准草图”选择上面绘制的截面线草图轮廓，“轴”选择“线 1”，单击确定按钮。回转生成的转子模型如图 8-15 所示。

图 8-14“回转”操作框的主要选项说明如下：

(1)“基准草图”：选择进行回转操作的草图。

(2)“轮廓”：选择基准草图中的环路。

(3)“轴”：选择旋转中心轴。

(4)“方法”：有单侧方向、平面中心对称和两方向三种方式。“单侧方向”是绕旋转轴沿一个方向旋转指定角度；“平面中心对称”是以基准草图所在平面为中心，绕旋转轴对称旋转指定角度；“两方向”是绕旋转轴沿两个方向旋转指定角度。

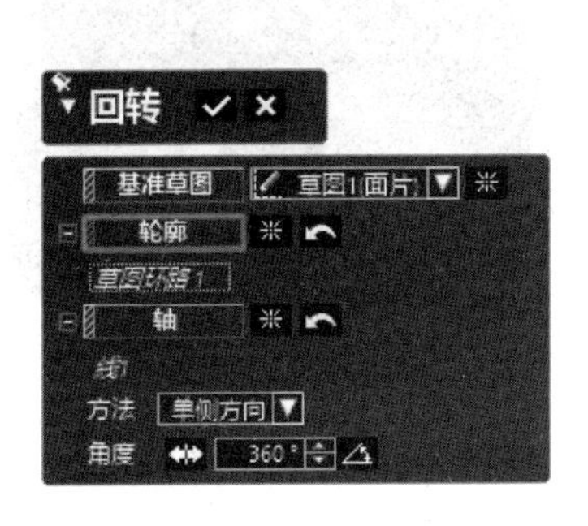

图 8-14　“回转”操作框

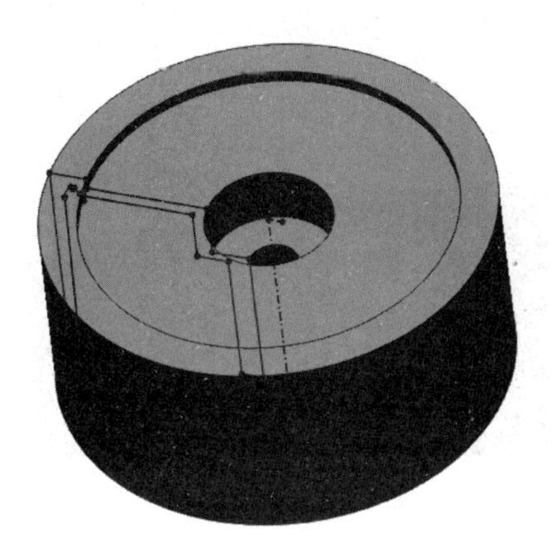

图 8-15　回转生成的转子模型

3）转子槽口建模

选择“模型”→“参考几何图形”→“平面”命令，在弹出的操作框里，如图 8-16 所示，“要素”选择“前”基准面，“方法”选择“偏移”，“距离”填入“－40”，也可以直接用鼠标拖动箭头进行偏移，单击确定按钮☑，就创建了一个新的基准平面“平面 1”。

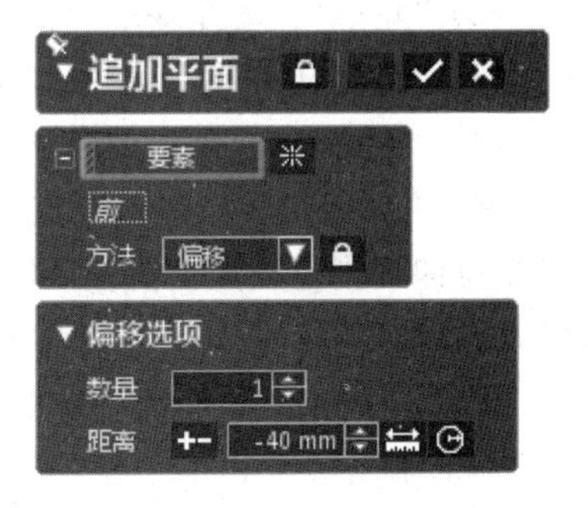

图 8-16　“追加平面”操作框

重复步骤 2 的操作，用“平面投影”，以“平面 1”作为草图的基准平面，截取槽口的轮廓线，然后使用草图工具拟合出中间矩形槽口，如图 8-17 所示。

选择“模型”→“创建实体”→“拉伸”命令，弹出的拉伸操作框如图 8-18 所示，“轮廓”选择绘制的矩形槽口轮廓草图，“方法”选择“距离”，在“长度”中先使用测量工具测得“平面 1”到槽口底部领域面的距离，再填入相近的数值，如图 8-19 所示。在“结果运算”中勾选“切割”，单击确认按钮☑，处理后的结果如图 8-20 所示。

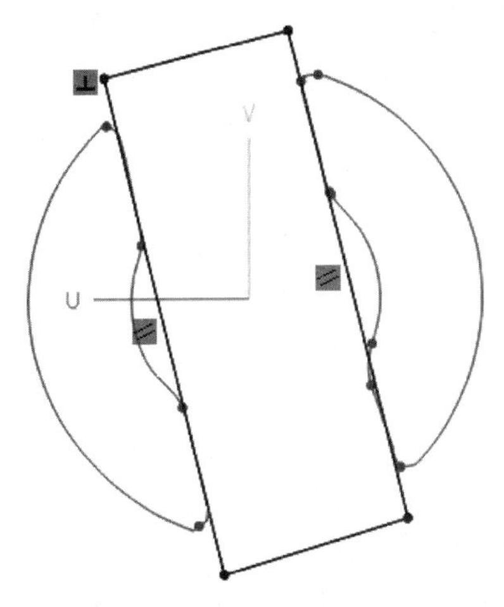

图 8-17　拟合的矩形槽口

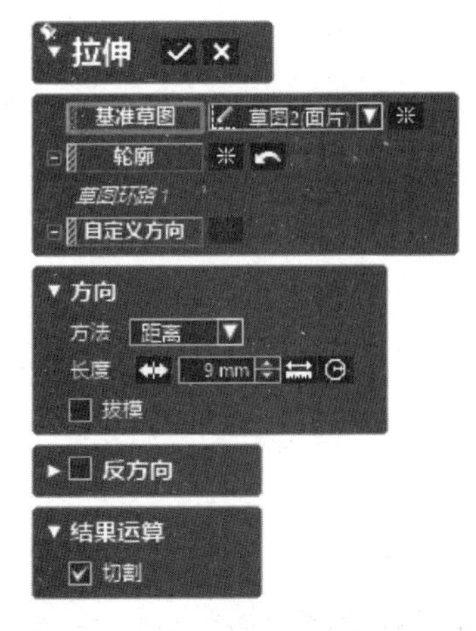

图 8-18　“拉伸”操作框

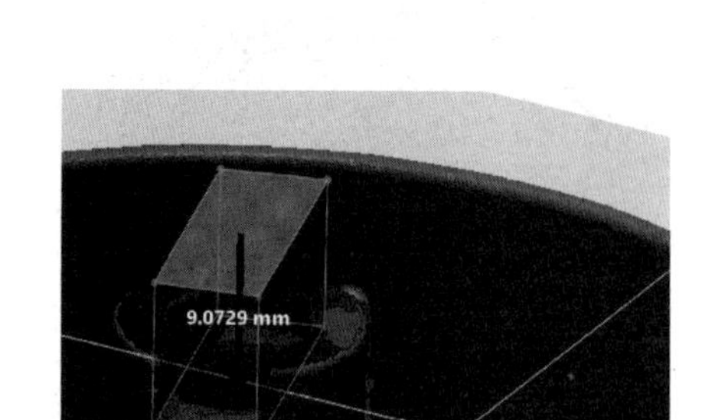

图 8-19　距离测量

图 8-20　槽口切割效果图

图 8-18“拉伸”操作框主要选项说明如下：

(1)“基准草图”：进行拉伸操作的基准草图。

(2)“轮廓”：选择基准草图中的环路。

(3)“自定义方向”：选择拉伸方向。

(4)“方法”：选择拉伸方法，包含有距离、通过、到顶点、到领域、到曲面、到体和平面中心对称。“距离”是设定拉伸的长度；“通过”是拉伸的长度要使拉伸体高于其他实体；“到顶点”是拉伸到指定顶点位置；“到领域”是拉伸到指定领域；“到曲面”是拉伸到指定曲面；“到体”是拉伸到指定实体；“平面中心对称”是以基准草图为中心平面两侧对称拉伸指定长度。

提示：由于模型数据采集中，容易受到光照、噪声等因素的干扰影响采集精度，导致槽口底部采集到的数据不平整，并且没有完全按照轮廓边界进行领域划分，故在拉伸切除方法中不能选择到领域等方法，而要通过实际测量找到最合适的拉伸距离，减小建模误差。

4) 转子加强筋建模

同“平面 1”的创建方法，利用“测量”工具测得“平面 1”到加强筋顶部领域平面的距离，取相近值 18.8 为偏移距离，将“平面 1”偏移得到“平面 2”。在面片草图中，拖动“平面 2”截取加强筋轮廓线并拟合，如图 8-21 所示。

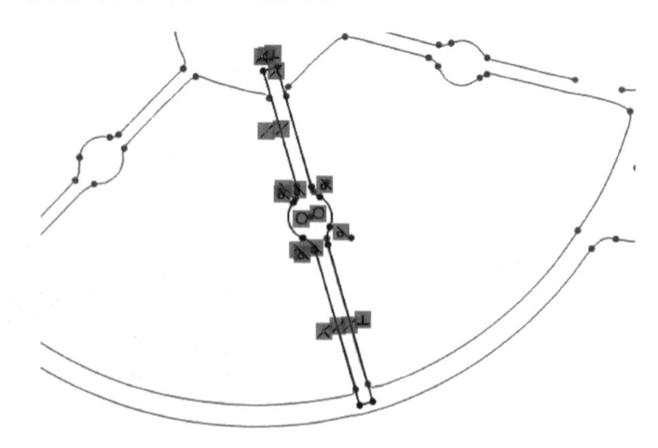

图 8-21　加强筋截面拟合的草图

加强筋轮廓草图拟合完成后，选择“模型”中创建实体的“拉伸”命令，在方法一栏中选择“到体”，单击选择前面创建的转子外轮廓模型，单击确认按钮，即创建完成一个加强筋的模型。然后选择“模型”→“阵列”→“圆形阵列”命令，在弹出的操作框里，“体”选择刚刚建立的加强筋模型，“回转轴”选择“线 1”，“要素数”填写“6”，勾选选项“等间隔”，单击确认按钮☑，生成的模型如图 8-22 所示。

图 8-22　加强筋建模效果图

提示：在拟合加强筋轮廓时，要注意两端应适当加长一点，使拉伸后的加强筋与转子外轮廓充分接触。因后续要用到阵列命令来建立其他加强筋，故在拉伸操作中，“结果运算”一栏不要勾选“合并”选项。

5）风扇叶片建模

从风扇叶片的面片模型可以看出，它是由多个相交曲面通过拟合、裁剪等一系列操作生成的，叶片的建模采用的是曲面建模命令。

在建模前，首先需要对风扇叶片上划分的领域进行检查，将面片边缘的一些小领域与主曲面合并。使用 Ctrl＋鼠标左键选择叶片表面要进行合并的领域，选择“领域”→“编辑”→“合并”命令将它们合并，如图 8-23 所示。叶片的其他部分也可以这样操作。

(a) 合并前

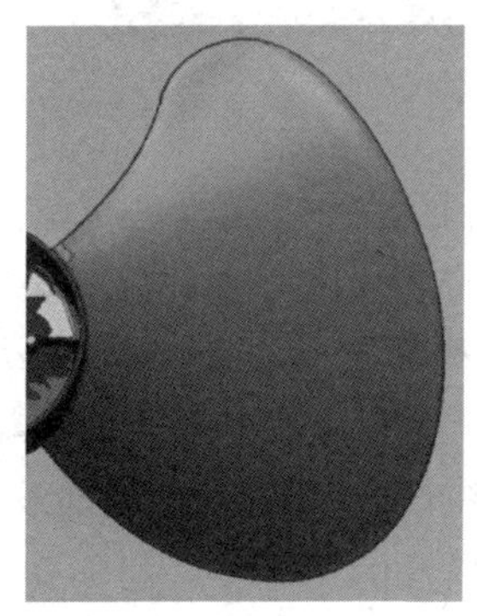

(b) 合并后

图 8-23　叶片的领域合并

面片拟合
领域
自由
创建一个曲面
分辨率　许可偏差
许可偏差　0.01 mm
% 在容许误差范围之外：5.00 %
最大控制点数　50
拟合选项
平滑　最小　最大
面片再采样
详细设置

图 8-24　“面片拟合”操作框

提示：后续的曲面拟合是以划分的领域作为单元面拟合成新的曲面，因此领域的划分将影响到后续的曲面拟合精度。叶片的上表面作为一个完整的曲面，应该单独作为一个领域来进行曲面拟合，这样才能保证拟合精度。

选择“模型”→“向导”→“面片拟合”命令，弹出如图 8-24 的“面片拟合”操作框，在“领域/单元面”中选择叶片的一个表面，“分辨率”下拉栏中选择“许可偏差”，“许可偏差”设置为“0.01mm”，在“平滑”一栏中，将滑块滑至适当位置，在视窗中可根据模型的具体形状拖动边界点进行方向和角度的调整，确保生成的曲面能够完全覆盖整个叶片，单击➡进入下一步；设置“控制网密度”适中，其他设置采用默认值，单击➡进入下一步，如图 8-25 所示，最后单击确认按钮☑完成面片拟合操作。

图 8-24 所示“面片拟合”操作框主要选项说明如下：

（1）“领域/单元面”：选择进行面片拟合的领域或单元面。

（2）“分辨率”：设置进行拟合时的分辨率，包含“许可偏差”和“控制点数”两种方式。两种方式的说明：“许可偏差”是设置拟合后曲面与初始领域或单元面的偏差；“控制点数”是设定 U 方向和 V 方向控制点数。

（3）“平滑”：设置拟合曲面时进行平滑操作的程度。

面片拟合包含 3 个阶段，第一阶段操作如上所述，然后单击➡进入下一阶段。第二阶段和第三阶段的操作框如图 8-25 所示。第二阶段，通过设置控制网密度可调节面片拟合时的网格大小。第三阶段，可手动调节 UV 线的位置。

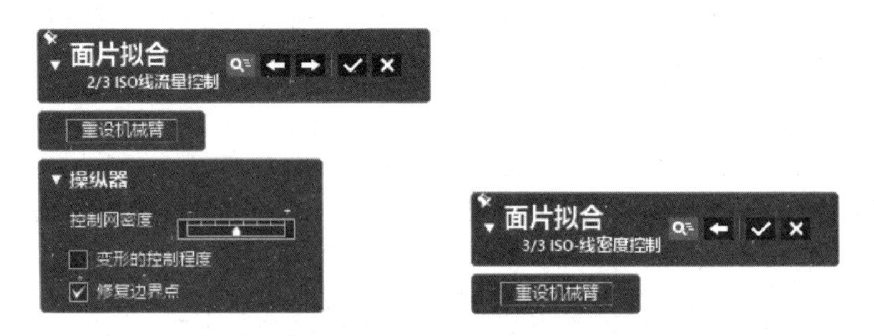

图 8-25　“面片拟合”剩余阶段操作框

同样地，对叶片的另一表面也进行面片拟合操作，拟合好的叶片曲面如图 8-26 所示。

提示：在控制网密度一栏中，可根据模型实际的曲率变化来选择网格密度。曲率变化大的可对应选择网格密度大一些，反之则选择密度小一些。

接下来，以“前”视面为基准平面创建新的面片草图，用鼠标拖动较粗的箭头来改变轮廓投影范围，直至将整个叶片模型覆盖，即设置了轮廓投影范围的取值。获得的叶片轮廓投影如图 8-27 所示。

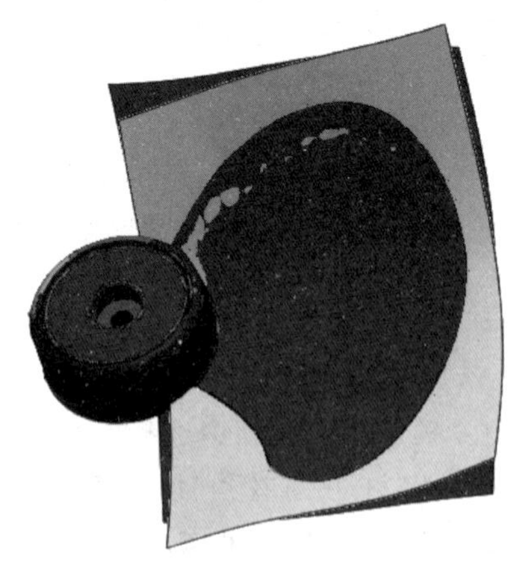

图 8-26　叶片曲面拟合

图 8-27　叶片轮廓投影

使用草图绘制命令将投影所得的轮廓线拟合，由于该轮廓线曲率变化较为连续，可用自动草图进行快速拟合，再任意画一条草图线，通过相交剪切成封闭的草图，如图 8-28 所示。

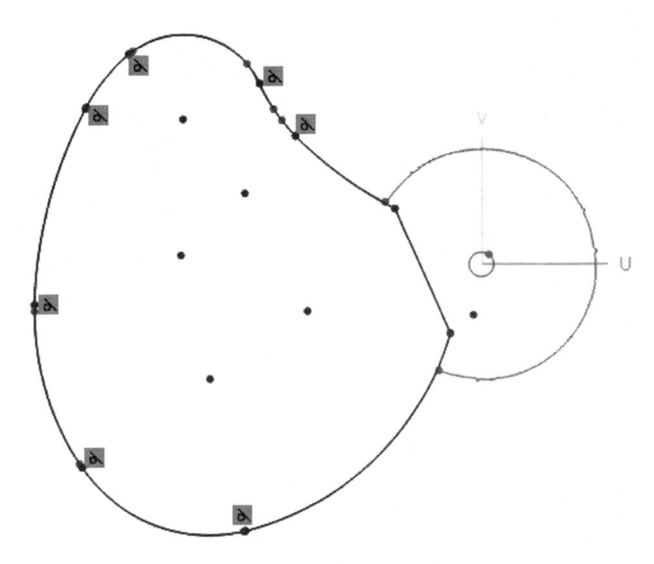

图 8-28 叶片投影轮廓草图

提示：如果想要确保叶片与转子连接处不出现缝隙，可以在相交处适度延伸叶片，使之与转子充分接触。

拟合好叶片轮廓后，选择“模型”→“创建曲面”→“拉伸”命令，在弹出的操作框里，“轮廓”选择叶片轮廓草图，“方法”选择“平面中心对称”，然后拖动箭头使拉伸轮廓面能够完全穿透叶片上下表面，如图 8-29 所示。

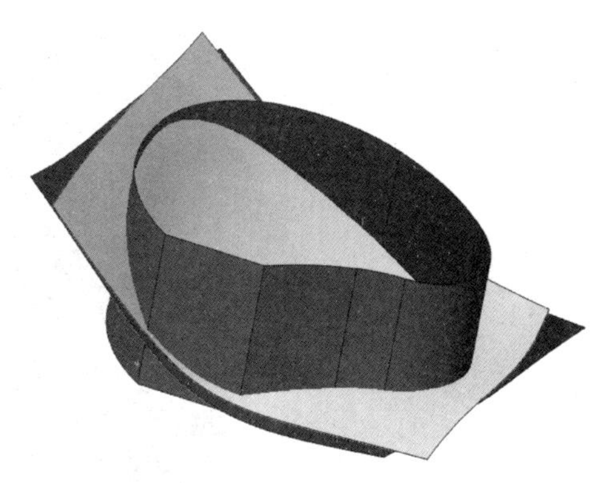

图 8-29 构成叶片的曲面

将叶片的各个曲面拟合好后，就可利用曲面剪切命令使各曲面间相互剪切，保留围成叶片外形的曲面。选择“模型”→“编辑”→“剪切曲面”命令，在弹出的操作框里，“工具要素”和“对象体”都选择围成叶片几何曲面形状的三个曲面，单击➡进入下一阶段，在残留体一栏中选择要保留的叶片曲面，如图 8-30(a)所示，单击确定按钮☑，即生成裁剪后的叶片实体，如图 8-30(b)所示。

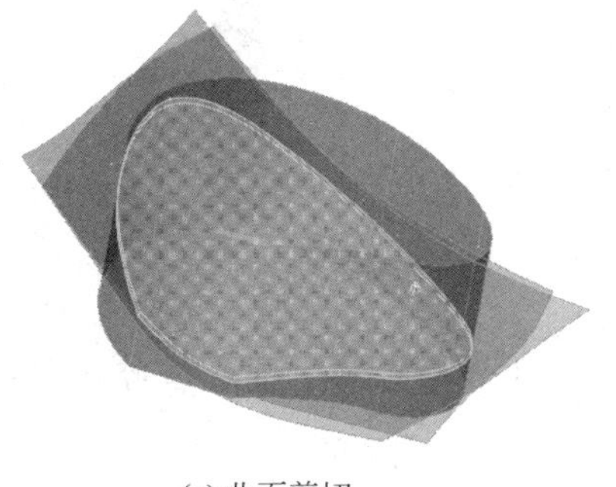

(a) 曲面剪切

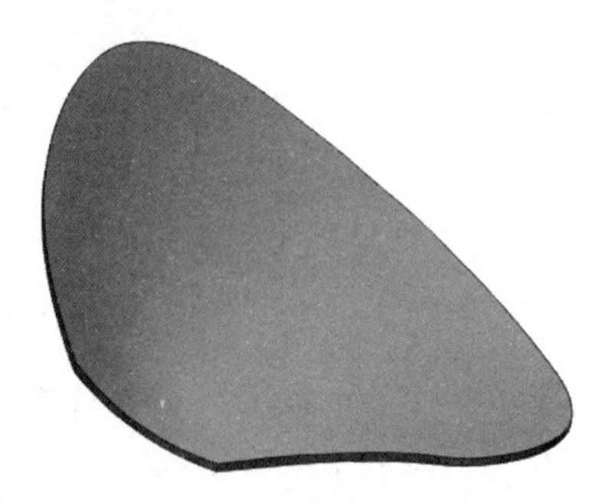

(b) 叶片实体

图 8-30 生成叶片实体

提示：如果需要剪切的曲面比较多，在剪切平面时可以选择一部分曲面进行多次剪切，最后对剪切得到的所有曲面进行“缝合”操作，即可得到需要的实体模型。

叶片建模时，为了保证叶片与转子能够完美接触，将连接处进行了延伸，使得叶片的一部分实体侵入转子，可以利用曲面切割将多余的部分移除。选择“模型”→“编辑”→“切割”命令，在弹出的操作框里，“工具要素”选择转子外部圆环的上边线，“对象”选择叶片实体模型，单击 ➡ 进入下一步，在“残留体”中选择需要保留的部分，分割后叶片模型如图 8-31 所示。

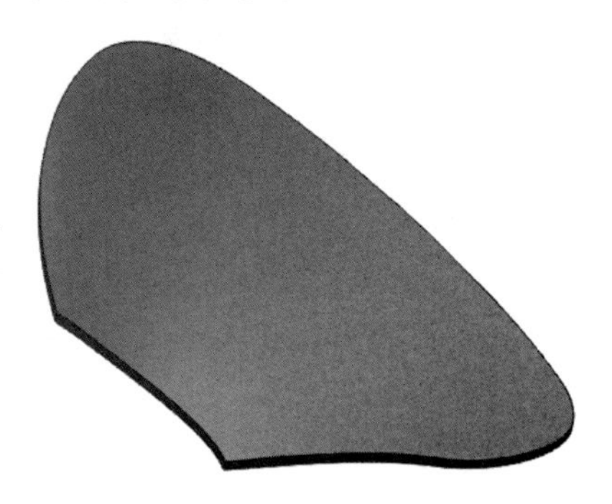

图 8-31　分割后的叶片模型

6）叶片偏差分析及修改

建模完成后，为了检验建模精度，即是否精确地还原出已有模型，需要对模型进行偏差分析。在视窗右侧，单击 Accuracy Analyzer (TM)打开分析窗口，选择“体偏差”即可进行偏差分析，分析获得的色谱图如图 8-32 所示。叶片的大部分区域显示为绿色，在叶片边缘部分显示有黄色、红色、蓝色，表示边缘部分偏差较大。

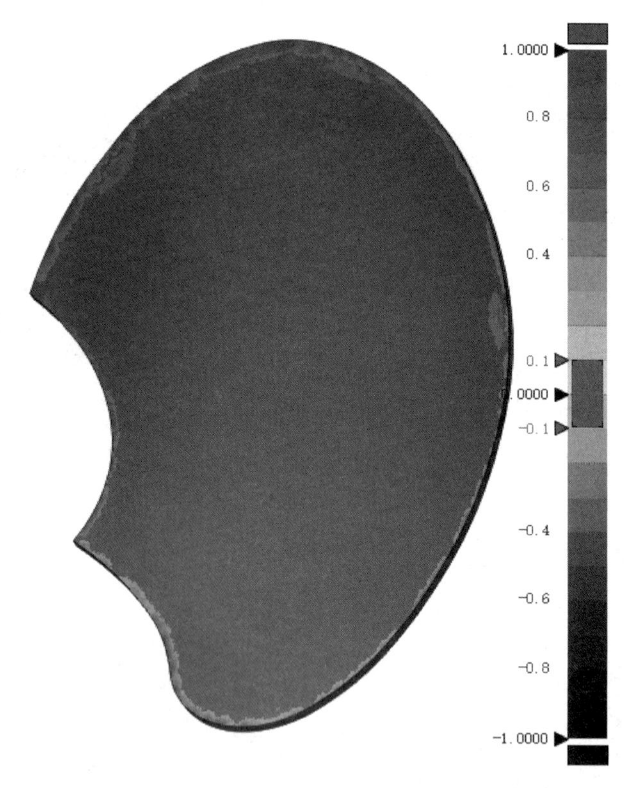

图 8-32　叶片偏差分析

提示：Accuracy Analyzer (TM)精度分析操作在建模过程中可以随时使用，能够实时观察重建模型的准确性。

由图 8-32 可知，叶片边缘的偏差色谱图呈橘红色甚至红色，说明此处偏差较大。再观察叶片的面片模型可知，叶片的边缘是圆滑过渡的，因此叶片没做圆角是导致误差较大的主要原因。选择“模型”→“编辑”→“圆角”命令，在弹出的操作框里，选择“全部面圆角”，在“左面”选择面片拟合的一个曲面，“中心”选择拉伸面，“右面”选择面片拟合的另一个曲面，勾选“切线扩张”，单击确定按钮☑。再对叶片进行偏差分析，结果如图8-33所示，基本符合要求。叶片的大部分显示为绿色，在边缘上有较少部分显示为黄色、蓝色。

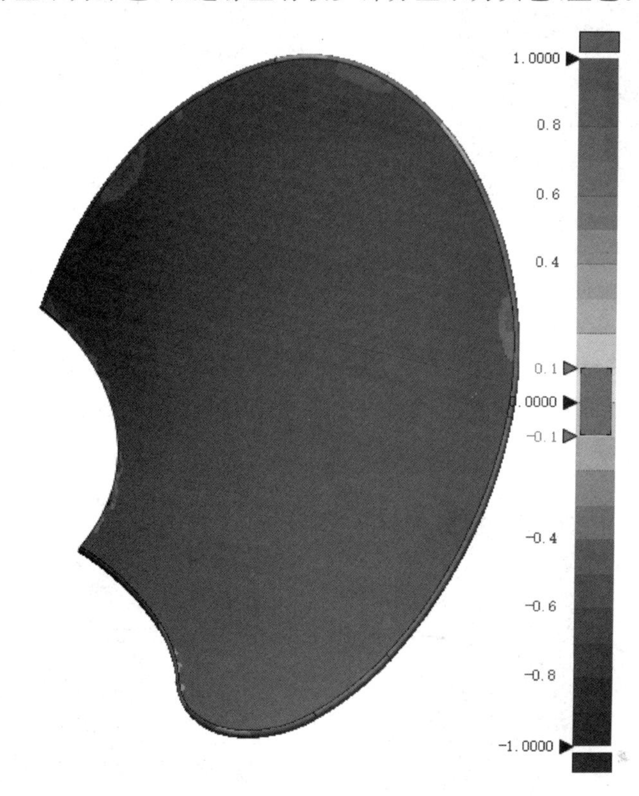

图8-33　修改后的叶片偏差分析

7）叶片阵列

选择“模型”→“阵列”→“圆形阵列”命令，弹出如图8-34的操作框，“体”选择上一步骤创建完成的叶片模型，“回转轴”选择“线1”，“要素数”设置为3，“合计角度”为“360°”，勾选“等间距”“用轴回转”，单击确定按钮☑。

图8-34“圆形阵列”的操作框主要选项说明如下：

(1)“体”：选择进行圆形阵列的实体或曲面。

(2)“回转轴”：选择圆形阵列的轴线。

(3)“要素数”：设置阵列后要素(实体或曲面)的个数。

(4)“合计角度”：设置圆形阵列的总角度。

生成的模型如图8-35所示。

提示：从图8-35中转子部分可以清晰地看到加强筋的轮廓，是因为创建的实体还未进行合并的布尔运算，都是一个个单独的实体特征。

8）布尔运算及完善模型

选择“模型”→“编辑”→“布尔运算”命令，在弹出的操作框里，“操作方法”选择“合并”，“工具要素”中用鼠标框选模型的所有实体特征，单击确认按钮☑。

图 8-34　“圆形阵列”操作框

图 8-35　叶片阵列后的模型

选择“模型”→“编辑”→“圆角”命令，在“要素”中依次选择需要做圆角的边线，在“半径”中输入数值或使用“由面片估计半径”获取圆角半径的取值，最后单击确定按钮。

最终生成的实体模型如图 8-36 所示。

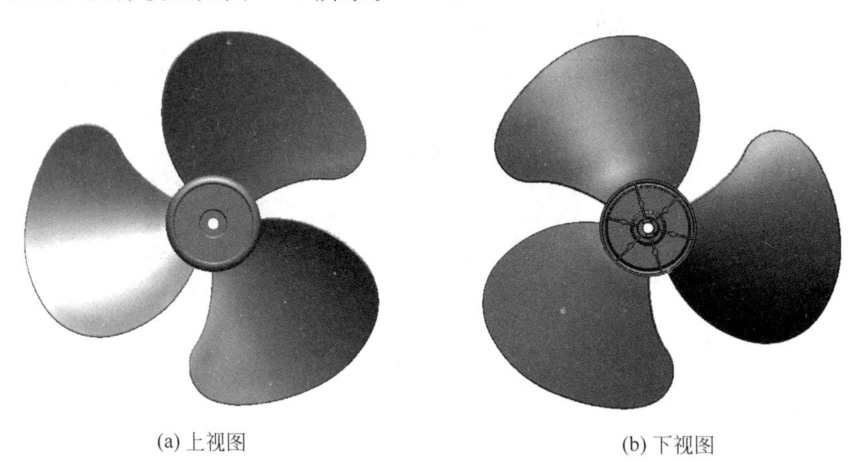
(a) 上视图　　(b) 下视图

图 8-36　模型整体视图

第9章 Geomagic Design X 3D草图处理技术

9.1 Geomagic Design X 3D 草图功能简介

“3D 草图”模块包含“3D 面片草图”和“3D 草图”两个模式，处理的对象可以是面片和实体。在“3D 草图”模式下，可以创建样条曲线、断面曲线和境界曲线。“3D 面片草图”模式下也可以创建上述曲线，区别在于其创建的曲线在面片上。“3D 面片草图”模式下还可以创建、编辑补丁网格，通过补丁网格拟合 NUBRS 曲面，这与曲面创建模块中的补丁网格功能相同。“3D 草图”模式下创建的曲线保存在“3D 草图中”，“3D 面片草图”模式下创建的曲线保存在 3D 面片草图中。

每个草图文件都是独立的，通过变换要素可以将已有草图中的曲线变换到当前草图。通过草图创建的曲线可以作为裁剪工具剪切曲面，也可以作为拉伸、放样等建模命令的要素。创建的补丁网格可以拟合为 NURBS 曲面。

9.2 3D 草图阶段处理工具

“3D 草图”模块包含“设置”“绘制”“编辑”“创建/编辑补丁网格”“结合”和“再创建”等 6 个操作组，如图 9-1 所示。

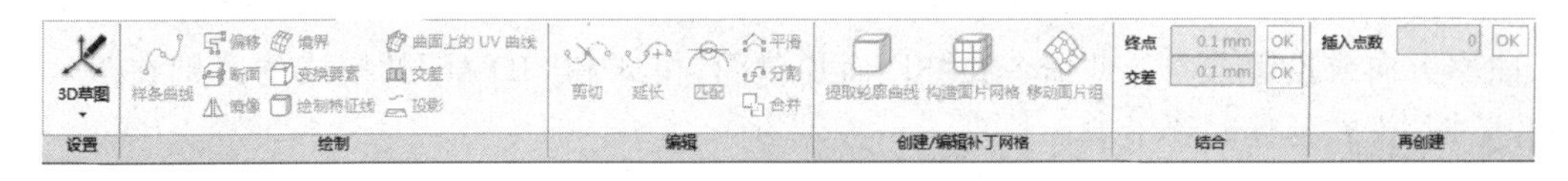

图 9-1　3D 草图模块操作界面

1）“设置”操作组

“设置”操作组用于设置不同的草图模式，包含的命令有：

(1)“3D 面片草图”：单击后进入 3D 面片草图模式。

(2)“3D 草图”：单击后进入 3D 草图模式。

绘制操作组用于在 3D 草图模式下生成曲线，包含的命令有：

(1)“样条曲线”：通过单击插入控制点，创建一条过控制点的 3D 样条曲线在面片上或自由的 3D 空间。样条曲线可用于创建曲线网格，作为拟合曲面的边界；创建路径，用于扫描或放样。

(2)“偏移”：对已存在的曲线或直线进行偏移，创建具有相同属性和形状的曲线或直线。

(3)“境界”：选择面片上部分或完整边界，创建为曲线。在“3D草图”模式和“3D面片草图”模式都有效。境界命令可用于创建扫描或放样的路径，以及提取形状不规则模型的边界。

提示：软件中的境界也可称作边界，两者意思相同。

(4)“曲面上的UV曲线”：在实体的表面上单击一点，在该点沿着*UV*方向创建两条曲线，此命令只在3D草图模式下有效。可用来根据指定点的分布创建3D曲线网格。

(5)“断面”：通过设定断面与面片对象或实体对象相交，创建断面曲线，也称为截面曲线。断面命令可用于创建曲线网格，作为拟合曲面的境界；创建扫描和放样的路径；创建轮廓，作为放样的轮廓线。

(6)“变换要素”：选择要变换的要素：实体边线、曲线或草图，将其变换为当前草图中的曲线。此命令在“3D面片草图”模式和“3D草图”模式有些区别。“3D面片草图”模式下，变换的要素将投影在面片上。

(7)“交差”：操作对象为实体，选择相交的两实体，创建其相交线。此命令只在“3D草图”模式下有效。

(8)“镜像”：通过镜像创建3D曲线，在3D面片草图模式下，镜像后的3D曲线将投影在面片上；“3D草图”模式下镜像得到的曲线在空间中的形状不发生变化。

(9)“绘制特征线”：绘制面片上高曲率位置的曲线，单击面片上高曲率区域将自动提取曲线。此命令只在“3D面片草图”模式下有效。

(10)“投影”：将已存在的曲线投影在目标对象上，目标对象可以是面片、实体、参照面。此命令只在“3D草图”模式下有效。

2)“编辑”操作组

“编辑”操作组用于对已创建的曲线进行编辑，包含的命令有：

(1)“剪切”：移除相交曲线上不需要的部分。

(2)“延长”：延长曲线，选择曲线的端点作为延长起始点，方向可以选曲线的切线方向、曲率方向或投影方向。此命令在“3D面片草图”模式和“3D草图”模式的区别在于，“3D面片草图”模式延伸时要沿着面片。

(3)“匹配”：在曲线和对象要素间添加约束关系，对象要素可以是曲线、参考线、参考面、实体边界或实体表面。可以添加的约束关系有相切、曲率一致或正交。

(4)“平滑”：对选择的曲线进行平滑处理，使其波动变小。

(5)“分割”：分割选择的曲线，可以选择曲线的一点作为分割点，或以曲线间的交叉点、曲线与面的交叉点作为分割点。

(6)“合并”：合并两条以上的曲线为一条曲线，合并方式有连接曲线的端点为一条曲线或选择相邻的几条线，创建为一条曲线。

3)“创建/编辑补丁网络”操作组

“创建/编辑补丁网格”用于创建补丁网格并进行编辑，操作组包含的命令有：

（1）“提取轮廓曲线”：先检测面片上高曲率区域的网格，然后在这些区域提取三维轮廓曲线。轮廓曲线的提取是创建补丁网络过程的第一步。所提取的轮廓曲线将被用来作为三维补丁网络的分块布局。

（2）“构造面片网格”：以提取的轮廓线为边界，在面片上构造网格，网格的数量可以通过自动估算或指定面片上网格的最大数量。

（3）“移动面片组”：对网格形状不规则或分布不均匀的面片组进行编辑，生成更规则的网格。规则的网格拟合的 NUBRS 曲面精度更高。

提示：面片组指定是轮廓曲线围绕的封闭区域或轮廓曲线与边界围绕的封闭区域。

4）“结合”操作组

“结合”操作组用于对已有的曲线进行处理，包含的命令有：

（1）“终点” 终点 0.1 mm OK：设置一定的距离，两曲线的相邻端点小于此距离时将连接在一起。

（2）“交差” 交差 0.1 mm OK：设置一定的距离，当曲线间的最小距离在此范围之内时，创建曲线之间的交点。

提示：此操作组的命令，对当前草图中所有的曲线有效。

5）“再创建”操作组

“再创建”操作组用于再次创建曲线，包含的命令有：

（1）“插入点数” 插入点数 54 OK：设置曲线的插入点数，按照此插入点的数目重新生成曲线。

（2）“许可偏差” 许可偏差 0.2474 mm OK：设置许可偏差，重建曲线时自动计算插值点数目和点的分布使重建的曲线与面片的偏差小于许可偏差。

提示：当选择曲线之后，再创建的命令才会激活，通过再创建可以生成更光滑的曲线。

9.3 应用实例

在“3D草图”模块，可以创建3D面片草图和3D草图，这些草图可以用来创建拉伸、旋转、扫掠、放样等特征。通过“3D面片草图”，提取面片数据的境界曲线、特征曲线和断面曲线。境界曲线包括模型的外部边界、内部边界，特征曲线是面片上曲率变化较大区域的曲线。断面曲线是一种截面和模型相交形成的曲线，可以作为曲面创建时的轮廓线或引导线。通过提取的边界曲线、特征曲线、断面曲线，再利用相应的特征创建命令，就可重建原模型。

接下来通过一个挡泥板模型的曲面重建，详细介绍3D草图模块的操作。首先在挡泥板面片数据创建边界曲线和多条断面曲线、特征曲线。然后在边界曲线和断面曲线之间添加相交约束。然后利用模型模块的曲面放样、押出成形工具进行曲面建模。

本实例主要有以下几个主要步骤：

（1）导入挡泥板模型；

（2）创建断面曲线和边界曲线；

（3）编辑曲线；

(4) 创建特征曲线；

(5) 曲面建模。

1. 导入挡泥板模型

导入挡泥板模型，在选项卡选择“3D 草图”，进行曲线模块的处理。挡泥板模型如图 9-2 所示。

2. 创建边界曲线

在“3D 草图”选项卡下，单击“3D 草图”，进入“3D 草图”绘制模式。单击“绘制”操作组→“境界”。弹出对话框，选择“由境界提取曲线”。“境界”对话框如图 9-3 所示。

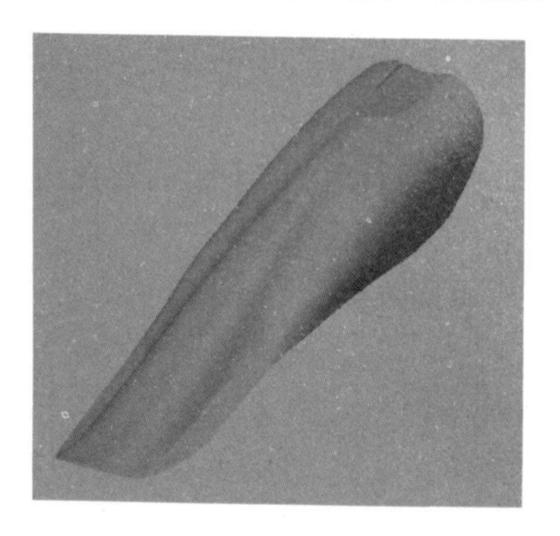

图 9-2 挡泥板模型

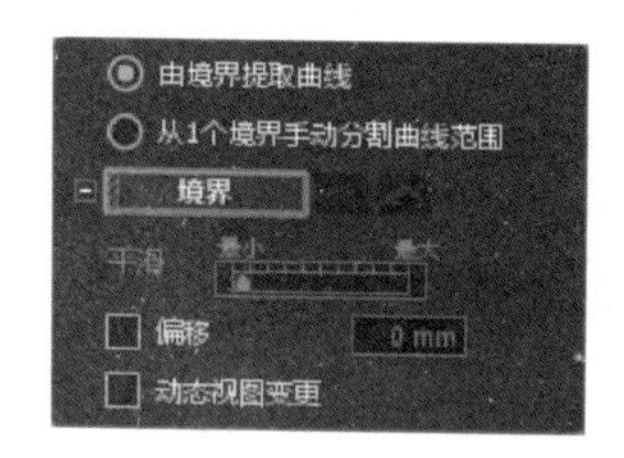

图 9-3 “境界”对话框

“境界”对话框的说明如下：

(1) “由境界提取曲线”：将选择的境界创建为自由曲线。

(2) “从 1 个境界手动分割曲线范围”：通过在境界上选择起点和终点的方式创建局部境界曲线。

(3) “境界”：可通过鼠标手动选择境界。

(4) “平滑”：调整滑块，设置境界曲线的平滑度。

(5) “偏移”：创建境界曲线的偏移曲线。

(6) “动态视图变更”：在创建曲线时动态的更改视图，便于在形状复杂的面片上创建曲线。

选择“由境界提取曲线”，单击“境界”，在图形显示界面选择模型的境界，单击确定按钮创建边界曲线，如图 9-4 所示。

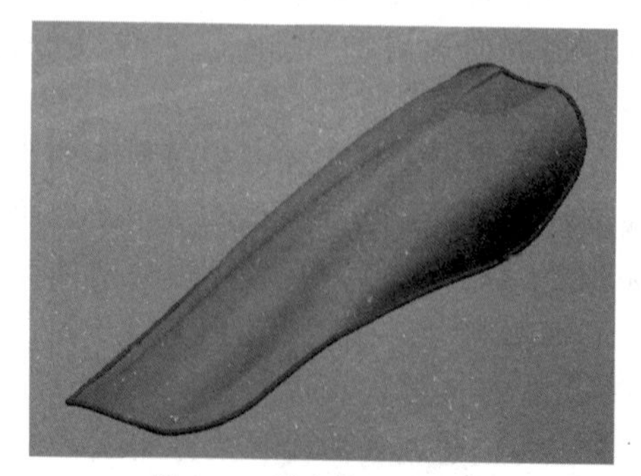

图 9-4 创建的边界曲线

3. 创建断面曲线

使用“断面”命令创建断面曲线，该命令的对话框如图 9-5 所示。

“断面”对话框的说明如下：

“对象要素”：选择创建断面曲线的对象。创

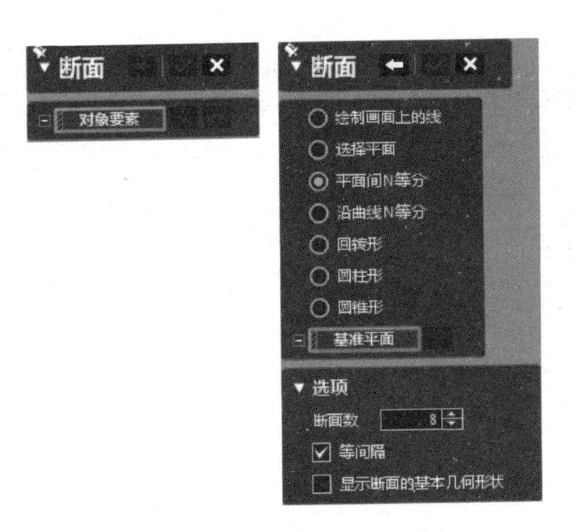

图 9-5 “断面”对话框

建方式包括：

(1) “绘制画面上的线”：利用线创建断面曲线。通过在图形显示界面绘制直线的方式创建断面曲线。

提示：可使用 Shift 键，绘制水平或垂直直线。可以同时绘制多条直线来创建断面曲线，使用 Ctrl+Z 组合键可以删除最后一次创建的直线。

(2) “选择平面”：利用相交平面创建断面曲线。

(3) “平面间 N 等分”：在选择的基准平面上创建多条平行的断面曲线。可以设置断面数量和分布方式。

(4) “沿曲线 N 等分”：根据选择的曲线创建断面曲线。在选择的曲线上设置断面的数量和分布方式。有三种分布方式：①平均，使用合计断面数量以等间距的方式在曲线上设置断面位置；②曲率，在高曲率区域创建更多的断面曲线；③选择点，通过手动在曲线上选择点的方式设置断面位置，Ctrl+Z 可删除最后一次选择的点。

(5) “回转形”：通过选择轴线和基准平面，创建虚拟回转形断面，并利用其创建断面曲线。可以设置回转的角度和断面数量，在设置的角度内等间隔分布断面或设置两断面之间夹角。

(6) “圆柱形”：通过选择轴线和基准平面，创建虚拟圆柱形断面，并利用其创建断面曲线。

(7) “圆锥形”：通过创建虚拟的圆锥形断面来创建断面曲线。

选择“绘制”操作组→“断面”命令，在对话框中单击“对象要素”，选择挡泥板模型。然后单击“下一阶段”➡，创建方式选择“平面间 N 等分”。“基准平面”选择“上”面，软件自动在如图所示方向上生成模型的起始面，“断面数”设为 8，勾选“等间隔”复选框。最后单击“确定”✔创建第一组断面曲线。如图 9-6 为第一组断面曲线设置图。

提示：图 9-5 为使用“平面间 N 等分”创建断面图的界面。图中选择的基准平面为上面，有两个平行于基准面的面：开始面和终点面。这两个面可以通过拖动上面的箭头移动位置，其大小可以通过边界上的点调节。在开始面和终点面之间根据断面数量生成断面曲线。

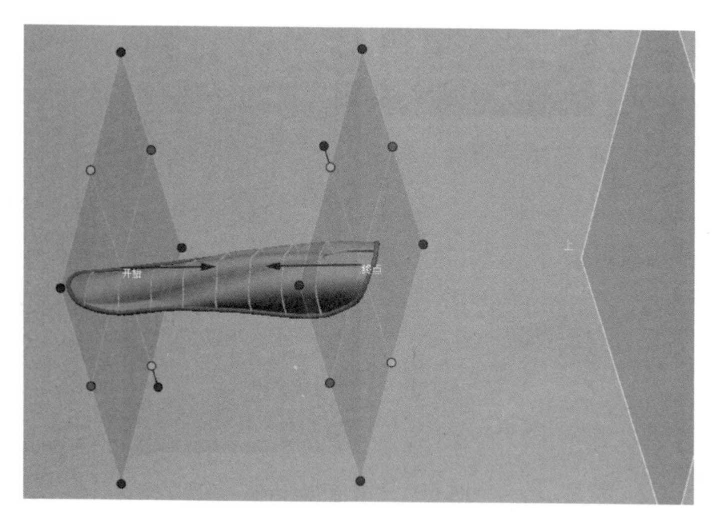

图 9-6 第一组断面曲线

创建第二组断面曲线，选择“绘制”操作组→“断面”命令，在对话框中单击“对象要素”，选择挡泥板模型。然后单击“下一阶段”，创建方式选择“绘制画面上的线”。然后单击“法向”按钮，再选择右面，使视图方向垂直于右面。如图 9-7 所示，在模型后部手动绘制一条直线，创建一个断面，将断面与模型的交线作为放样曲面的引导线。

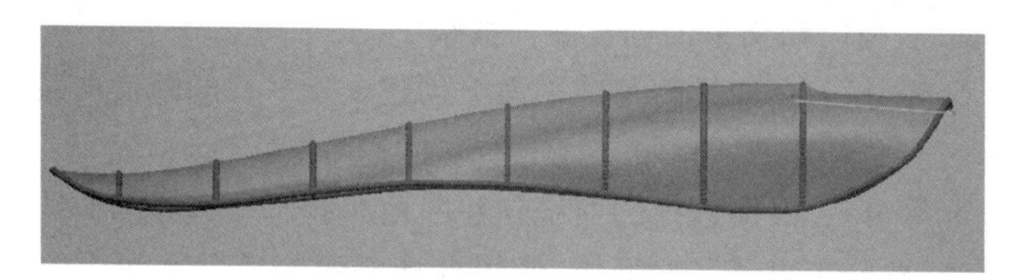

图 9-7 第二组断面曲线

通过以上几步，创建了边界曲线和两组断面曲线，这些曲线都在 3D 草图 1 里。如图 9-8 所示为 3D 草图 1。

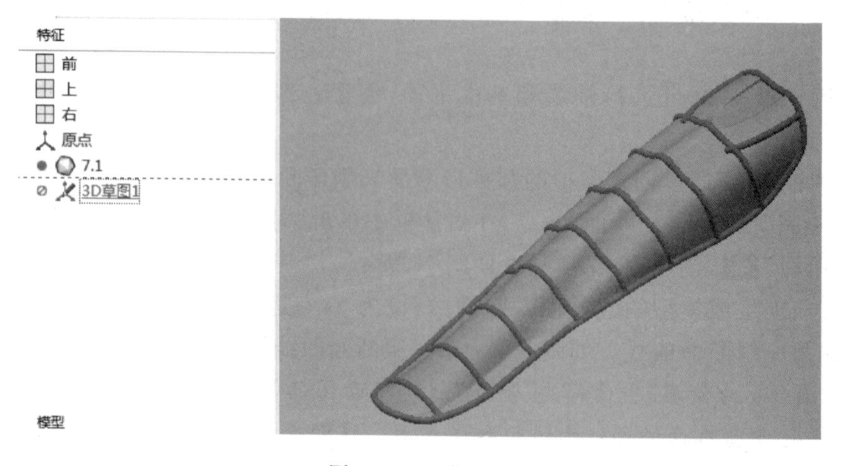

图 9-8 3D 草图 1

4. 编辑曲线

3D 草图 1 中的曲线之间需要添加相交约束，边界曲线需要进行分割便于放样时作为引导线。通过编辑和结合操作组的命令完成对曲线的编辑。

在曲线之间添加相交约束，使用结合操作组的终点和交叉命令。先设置允许生成交叉点两曲线的距离为 0.1mm，单击 OK 按钮。再设置“终点”命令的参数值为 0.1mm，单击 OK 按钮，相交约束添加完成。

然后对边界曲线进行分割，选择“编辑”操作组→“分割”命令，弹出分割话框。如图 9-9 所示为“分割”对话框。

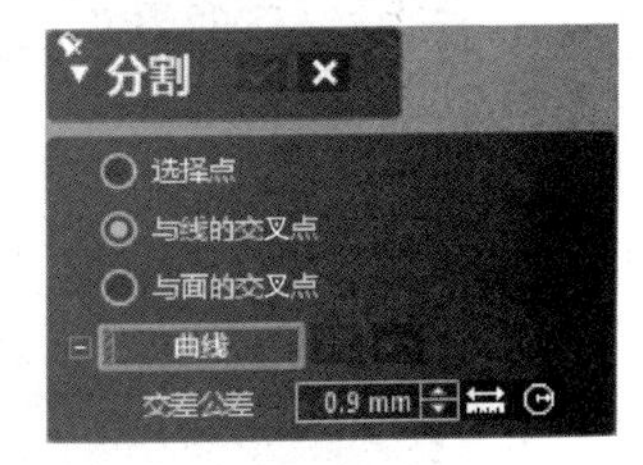

图 9-9 “分割”对话框

“分割”对话框的说明如下：

(1) “选择点”：使用选择的点分割曲线。

(2) “与线的交叉点”：选择相交的曲线，在交叉点位置分割曲线。“曲线”，选择要分割的曲线。“交叉公差”，设置在交叉点处分割曲线的公差。

(3) “与面的交叉点”：选择相交的曲线和平面或面，在交叉点处分割曲线。“曲线”，选择要分割的曲线。“工具要素”，选择与曲线相交的参考平面或面。

在对话框中选择“与线交叉点”，如图 9-10 所示选择要分割的曲线“曲线 2”，以及与其相交的曲线“曲线 1”和“曲线 3”，再单击确定按钮✔。

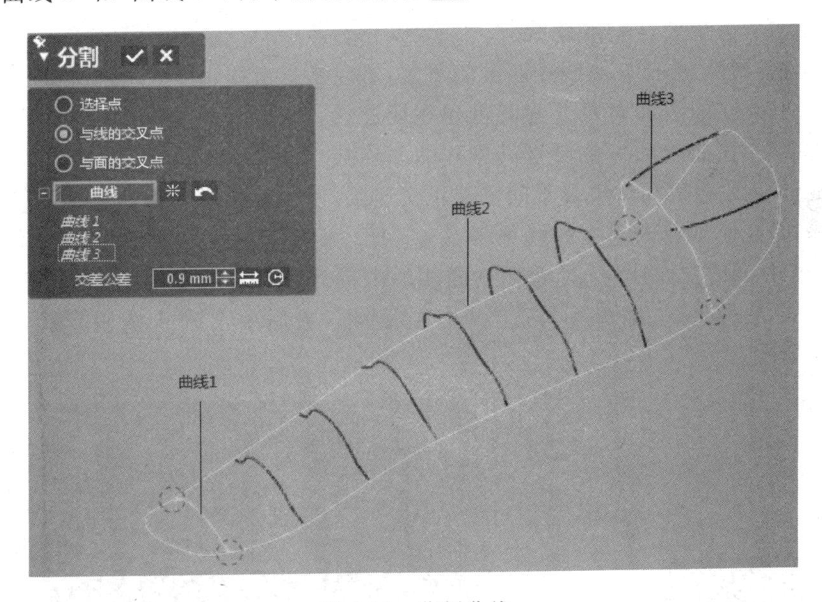

图 9-10 分割曲线

接下来编辑第二组截面曲线和边界曲线。第二组截面曲线作为曲面放样时的引导线有多余的部分，应将多余的部分剪切掉。边界曲线包含了凹槽的形状，直接进行曲面放样会产生很大的偏差。将边界曲线包含凹槽部分删除掉，然后利用匹配命令将剪切后的曲线连接起来。

先要删掉边界曲线上包含凹槽形状的部分。使用“分割”命令将包含凹槽形状的部分与原曲线分割开。选择“编辑”操作组→“分割”命令，在对话框中选择“选择点”命令，如图9-11所示选择曲线上进行分割的点，然后单击确定按钮。

然后选择“编辑”操作组→“剪切”命令，在对话框中剪切方式选择“选择曲线”，单击分割出的凹槽部分曲线和第二组截面曲线多余的部分。再单击确定按钮。图9-12所示为剪切后的曲线。

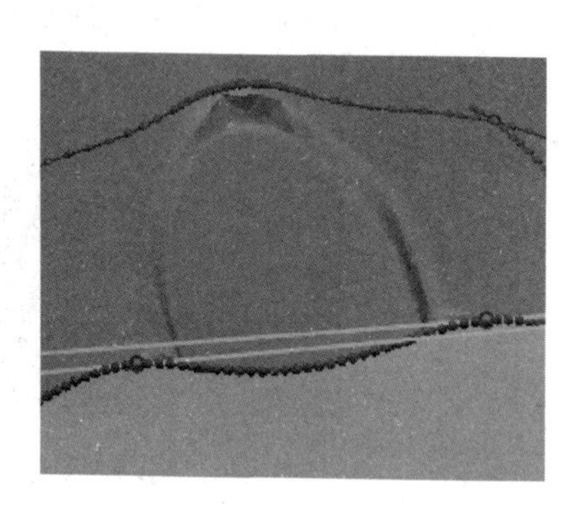

图9-11　分割凹槽部分曲线

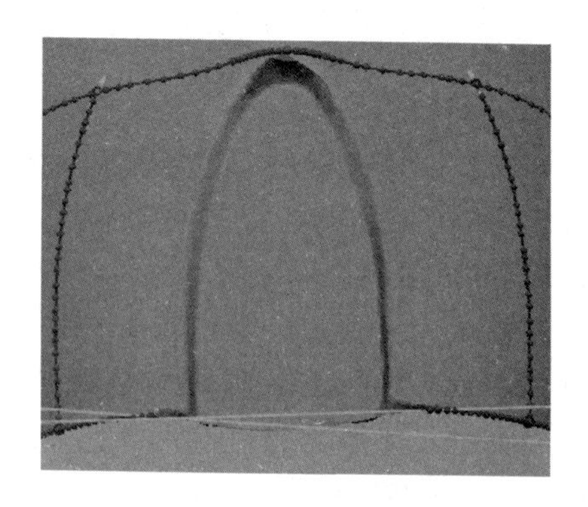

图9-12　剪切后的曲线

使用“匹配”命令将剪切后的曲线连接起来，选择“编辑”操作组→“匹配”命令，弹出对话框如图9-13所示。

“匹配”对话框说明如下：

(1)“曲线”：选择要匹配的曲线。

(2)“对象要素”：选择与曲线相匹配的对象，可以是参考线、参考平面、曲线、面或曲面。

(3)“相切”：在曲线和对象要素间创建相切连接。

(4)“曲率”：在曲线和对象要素间创建曲率连接。

(5)“正交”：在曲线和对象要素间创建正交连接，仅在对象要素为参考平面或面时有效。

(6)“平均”：使创建的连接曲线平滑。

在对话框中，单击“曲线”选择剪切后曲线的一部分，单击“对象要素”选择剪切后曲线的另一部分，匹配方式选择“相切”，勾选“平均”复选框，最后单击确定按钮。匹配后的曲线如图9-14所示。

图9-13　“匹配”对话框

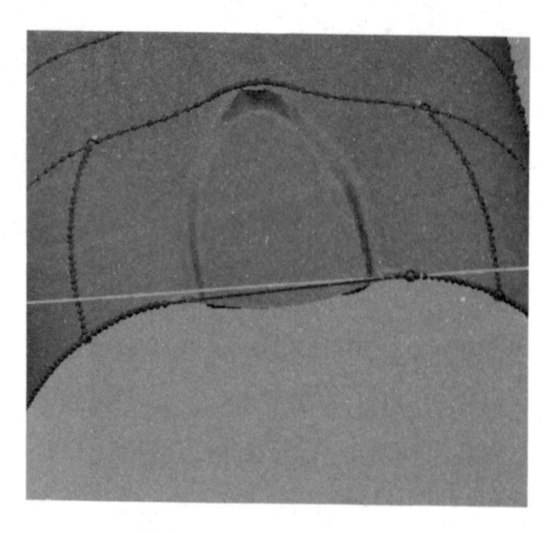

图9-14　匹配后的曲线

匹配后的曲线连接在一起，但不是一条曲线，其中间还有端点。使用“合并”命令将两段曲线合并为一条曲线。选择“编辑”操作组→“合并”命令，在对话框中单击“曲线”，选择相连接的两曲线，“方法选项”选择“2 条曲线”，勾选详细设置里“形状固定”复选框。然后单击确定按钮☑。完成对曲线的编辑，编辑后曲线如图 9-15 所示。利用编辑后的曲线可以主曲面的创建，单击🅴退出“3D 草图”模式。

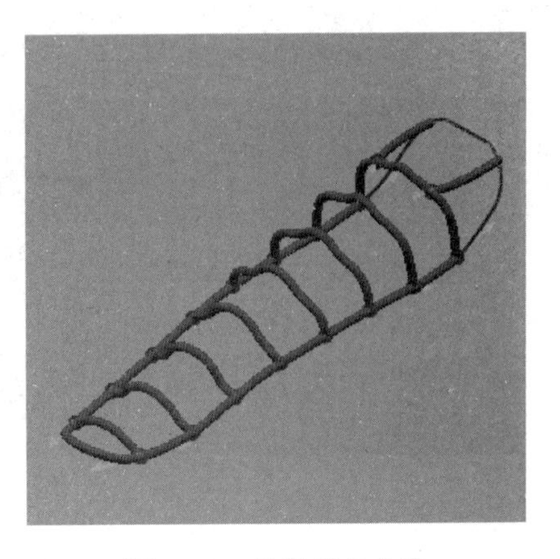

图 9-15　编辑后的曲线

5. 创建主曲面

通过以上步骤得到了模型主曲面的 3D 草图，接下来根据 3D 草图使用曲面放样工具创建模型的曲面。

在选项卡里选择“模型”，选择“创建曲面”操作组→“放样”命令，弹出放样对话框。在对话框中单击“轮廓”选择第一组截面曲线，单击“向导曲线”选择分割后的边界曲线。如图 9-16 放样操作界面。最后单击确定按钮☑。

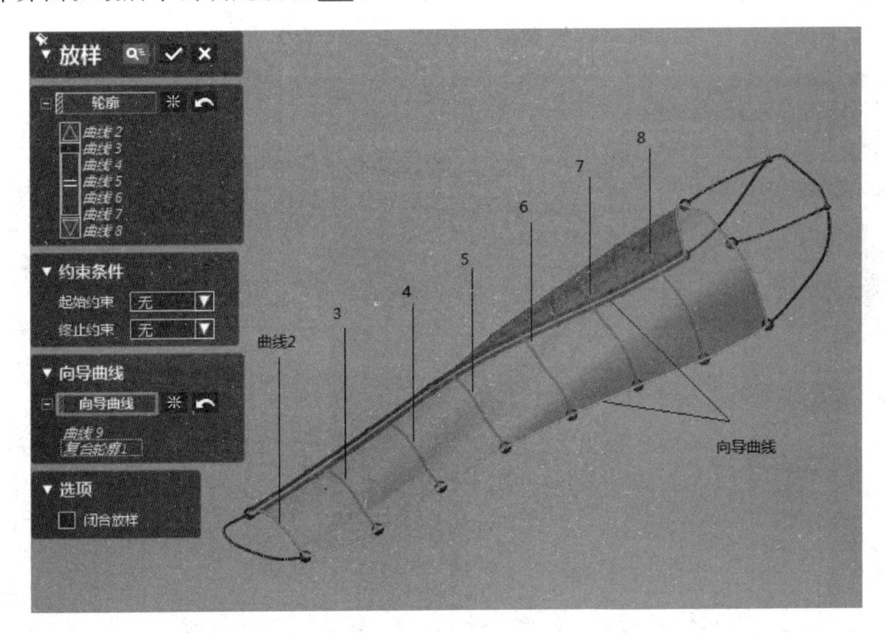

图 9-16　放样曲面 1

在选择轮廓线和向导曲线时，应打开“边线选择过滤器”，这样方便选择单条曲线。同样的方法使用放样创建前后两部分曲面，操作如下图 9-17 所示。

观察放样的曲面，有的法线方向不对，需使用“翻转法线方向”命令。选择“编辑”操作组→“翻转法线方向”命令，在对话框中单击“曲面体”，选择法线不对的曲面，最后单击确定按钮☑。得到模型的主曲面后，接下来创建曲面上的凹槽。

提示：曲面法线的正方向以黄色显示，负方向以黑色显示。

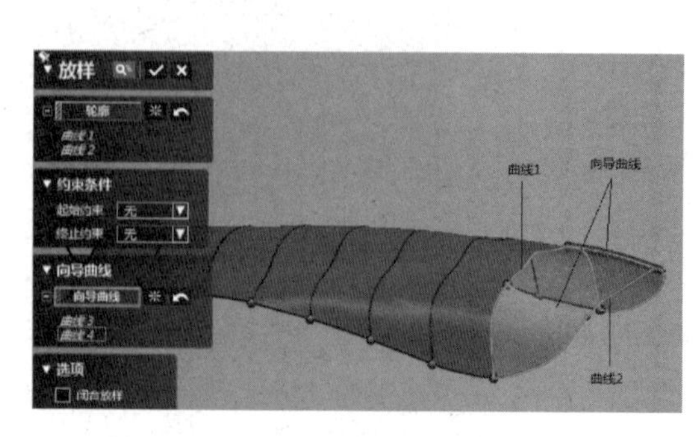

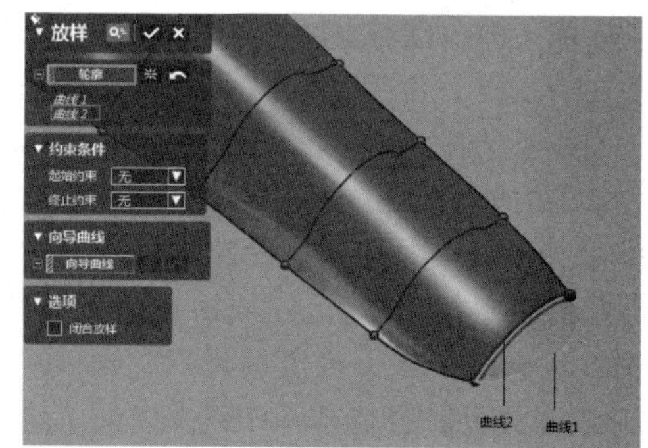

图 9-17 放样曲面 2

6. 创建特征曲线

为了创建模型上的凹槽，先要创建凹槽的轮廓。为了得到凹槽的轮廓，可以通过在面片上沿着凹槽的边绘制特征曲线。因此，在选项卡里选择“3D 草图”，单击“3D 面片草图”，进入“3D 面片草图”模式。选择“绘制”操作组→“绘制特征线”命令，然后在对话框中单击“基准单元点”，在模型上凹槽的边线上单击一点，软件根据曲率分析生成一条沿凹槽边线波动的特征曲线。再单击确定按钮，绘制的特征线如图 9-18 所示。

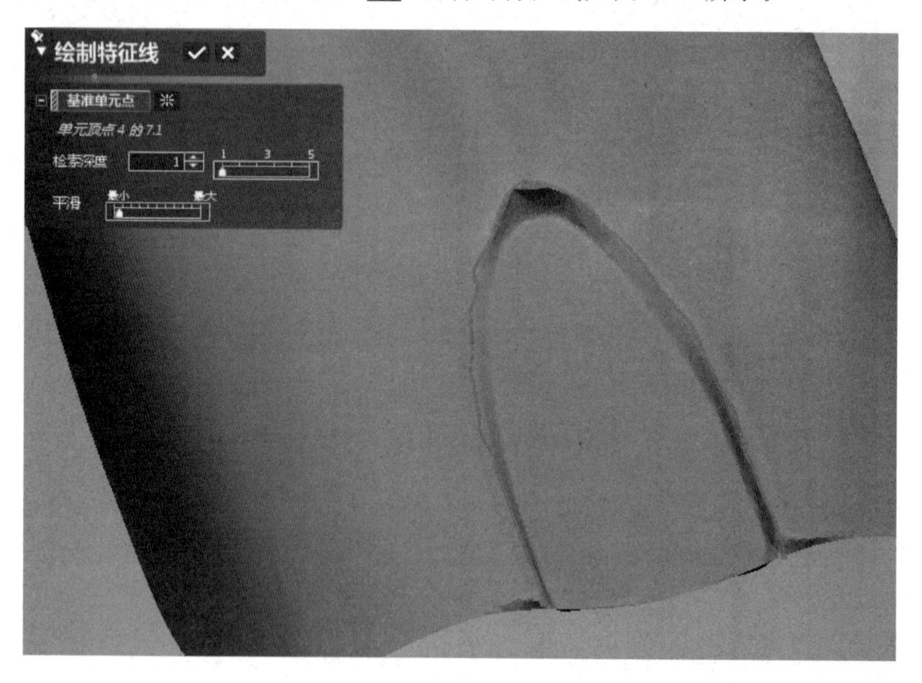

图 9-18 绘制特征线

“绘制特征线”通过在面片上选择曲率较大位置一点作为单元基点，软件根据曲率分析选择与单元基点曲率相近的区域，然后拟合出一条过该单元基点的曲线。其操作说明如下：

(1) “基准单元点”：用单击面片上曲率较大位置，作为基准单元点。

(2) “检索深度”：设置与单元基点曲率相近区域的检索范围，设置的检索深度值越大检索范围也越大。

(3)“平滑”：根据检索到的区域拟合特征线，设置平滑程度可平滑特征线减少波动。

绘制的特征线波动较大，通过拖动特征线上的点来调整曲线的位置得到较光滑的特征线。图 9-19 所示为平滑后的特征线。绘制完特征线后单击E退出。

7. 押出成形

上一步得到了凹槽的边线，接下来使用“押出成形”命令创建凹槽。使用押出成形，需要使用处于同一平面的封闭草图。上一步得到的凹槽边线不在同一平面且不封闭，因此需要将其投影在一个平面上再进行闭合。

先创建投影平面，选择“模型”选项卡，选择“参考几何图形”→“平面”命令。弹出“追加平面”对话框，如图 9-20 所示。

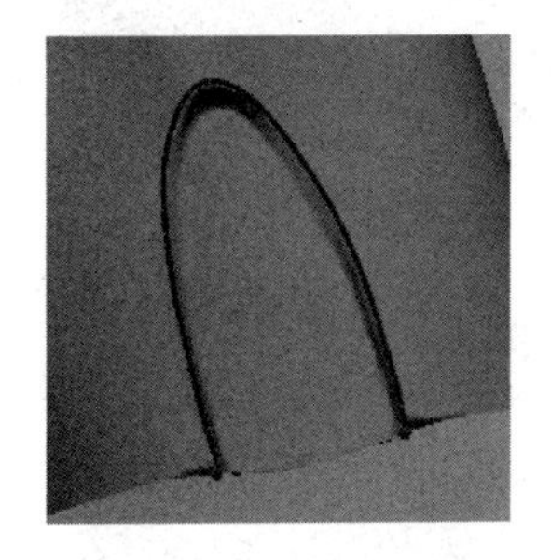

图 9-19 平滑曲线

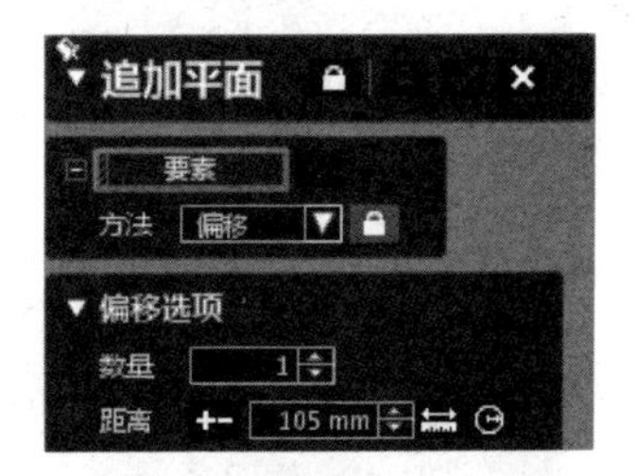

图 9-20 “追加平面”对话框

追加平面对话框说明如下：

(1)“要素”：选择用于创建平面的参考要素。

(2)“方法”：可选用的创建方法，单击下拉键可以选择合适的方法。常用的方法有：“选择多个点”，选择 3 个不共线的点来创建平面；“选择点和法线轴”，选择一点和一个直线来创建平面；选择“偏移”，创建与已有平面平行的面。

(3)“偏移选项”：使用偏移方法时的选项，输入创建平面的数量和偏移距离。当选择不同的方法，伴随不同的操作选项。

在对话框中单击“要素”选择“前”面，“方法”选择“偏移”。“数量”设为 1，距离设为“105”，再单击确定按钮✔。

接下来，将上一步创建的特征曲线投影在平面上，在选项卡里选择“3D 草图”，单击“3D 草图”，进入“3D 草图”模式。使用投影命令时，先将在 3D 草图 2 中的特征线和 3D 草图 1 中的边界线变换到当前草图，使用“变换要素”命令。选择“绘制”操作组→“变换要素”命令，在对话框中单击“要素”选择上个草图中的特征线，再单击确定按钮✔生成如图 9-21 所示的变换曲线。

然后，选择“绘制”操作组→“投影”命令，在对话框中单击“曲线/节点”选择变换要素得到的曲线。单击“对象要素”选择创建的额“平面 1”，投影法选择“最小距离”，再单击确定按钮✔。如图 9-22 所示为投影曲线。

得到投影曲线后，对其进行剪切，保留凹槽轮廓曲线。选择“编辑”操作组→“剪切”命令，在对话框中单击“选择曲线”，在图形曲选择多余的曲线将其剪切掉。最后单击确定按钮✔，完成剪切得到图 9-23 所示的凹槽草图。

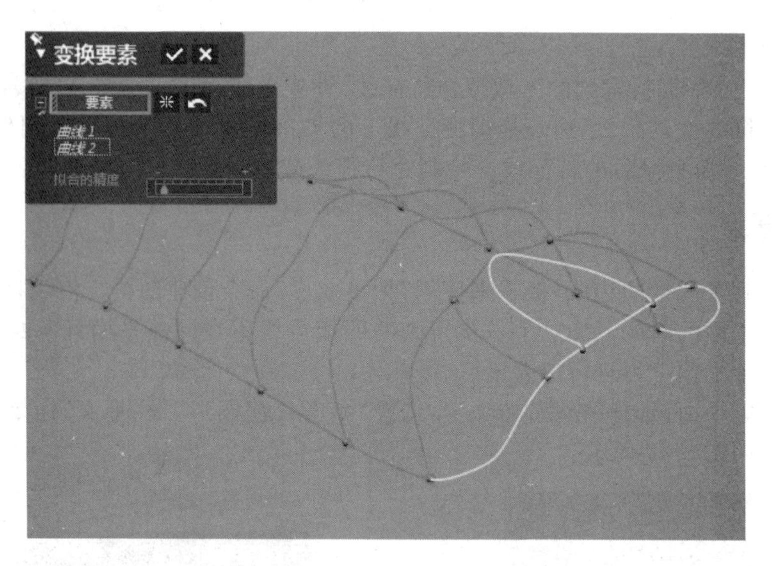

图 9-21 变换曲线

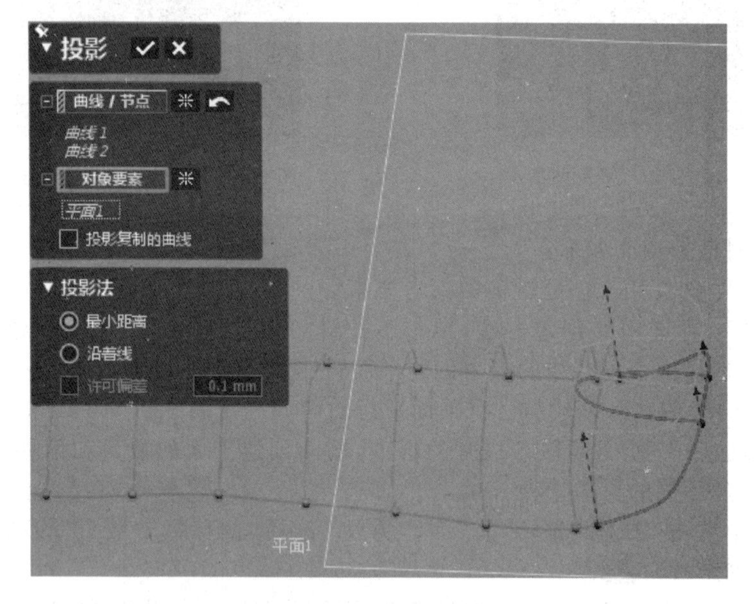

图 9-22 投影曲线

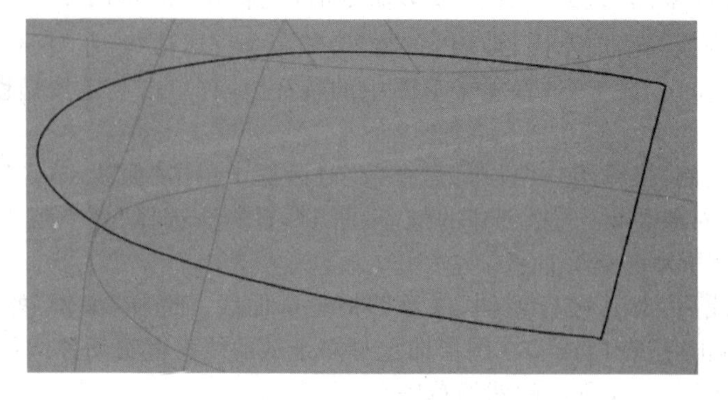

图 9-23 凹槽草图

"押出成形"用于在曲面上创建拉伸特征，包括凸起特征和凹陷特征，得到凹槽平面草图后，使用押出成形命令创建凹槽。选择"编辑"操作组→"押出成形"命令，弹出对话框如图 9-24 所示。

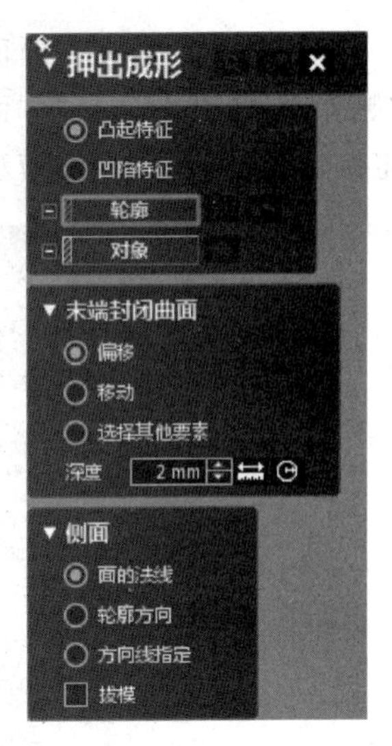

图 9-24 "押出成形"对话框

押出成形对话框详细说明如下：

(1)"凸起特征"：创建凸起特征。

(2)"凹陷特征"：创建凹陷特征。

(3)"轮廓"：选择 2D 或 3D 曲线作为拉伸截面曲线，可以同时选择多个封闭曲线。

(4)"对象"：选择要创建拉伸特征的对象，可以是曲面或实体。

(5)"末端封闭曲面"：选择拉伸末端曲面封闭方式，有三种方式：①偏移，将拉伸对象的面作为押出成形的顶面。②移动，在选定的方向上移动拉伸对象的面，并将其作为押出成形的顶面。可使用方向有平面法向和直线。③选择其他要素，选择押出成形的顶面作为要素，可以选择领域、面、曲面、实体作为末端封闭曲面。

(6)"侧面"：选择拉伸侧面的方向，有三种方式：①面的法线，在拉伸面的法向上设置拉伸特征的侧面；②轮廓方向，在轮廓方向上设置拉伸的侧面；③方向线指定，在选定的方向上定义拉伸的侧面，可选择的方向有直线或平面法向。

(7)"拔模"：用于设置拉伸特征的拔模角度。

如图 9-25，在对话框中选择"凹陷特征"，单击"轮廓"选择凹槽草图，单击"对象"选择"面 1"。在"末端封闭曲面"选项，选择"移动"→"方向"→"平面 1"命令，深度设为 2.5mm。在"侧面"选项单击"轮廓方向"，不勾选"拔模"，最后单击确定按钮☑。

提示："押出成形"用于在曲面上创建凹槽或凸起，在创建时要注意曲面的法线方向是否正确，符合要创建的凹槽或凸起方向。

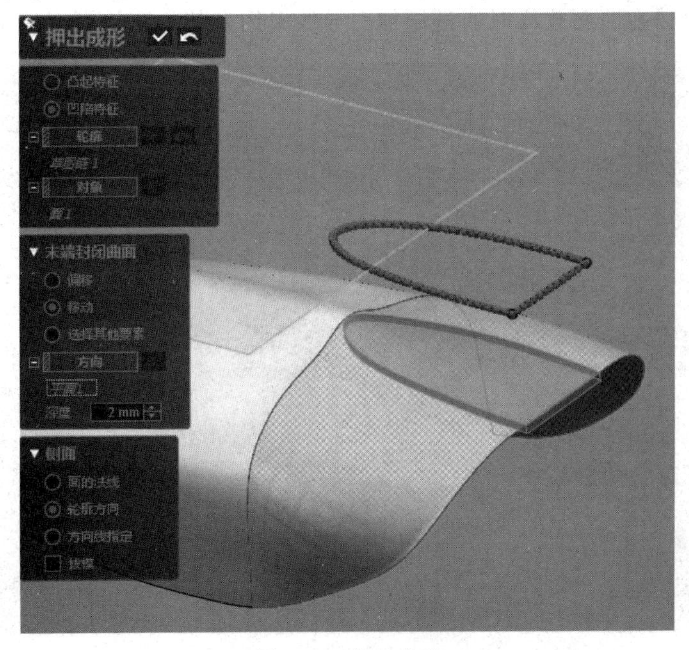

图 9-25 押出成形

押出成形后，在主曲面上创建了凹槽特征，根据模型将凹槽后部多余的面删除掉，使用“删除面”命令。选择“体面”操作组→“删除面”命令，删除不符合模型的后侧面，最后单击确定按钮完成挡泥板模型的曲面重建，如图 9-26 所示为重建的挡泥板模型。

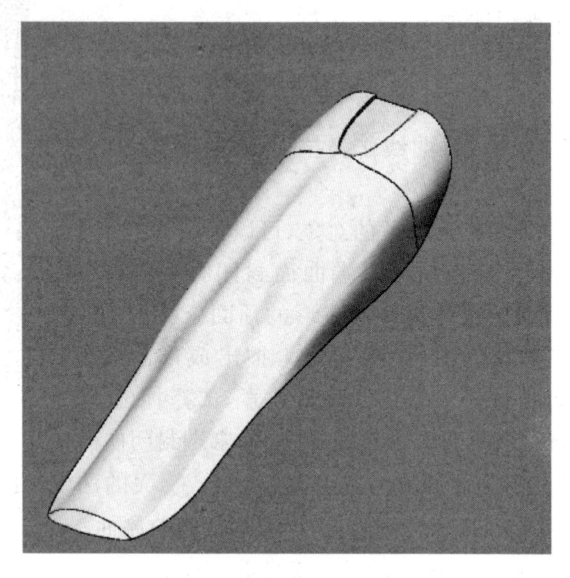

图 9-26　重建的挡泥板模型

8. 曲面分析

模型重建完成后，使用“精度分析”模块检验重建的曲面。精度分析模块可以分析曲面的曲率、连续性、等距线、环境写像和与原始数据的体偏差。在工具栏里单击“体偏差”，分析后的体偏差以色图的形式显示在重建的曲面上，如图 9-27 所示。在结果中可以发现偏差较大的区域，可以在曲面放样时通过添加引导线来约束其与原始模型的距离减小偏差。

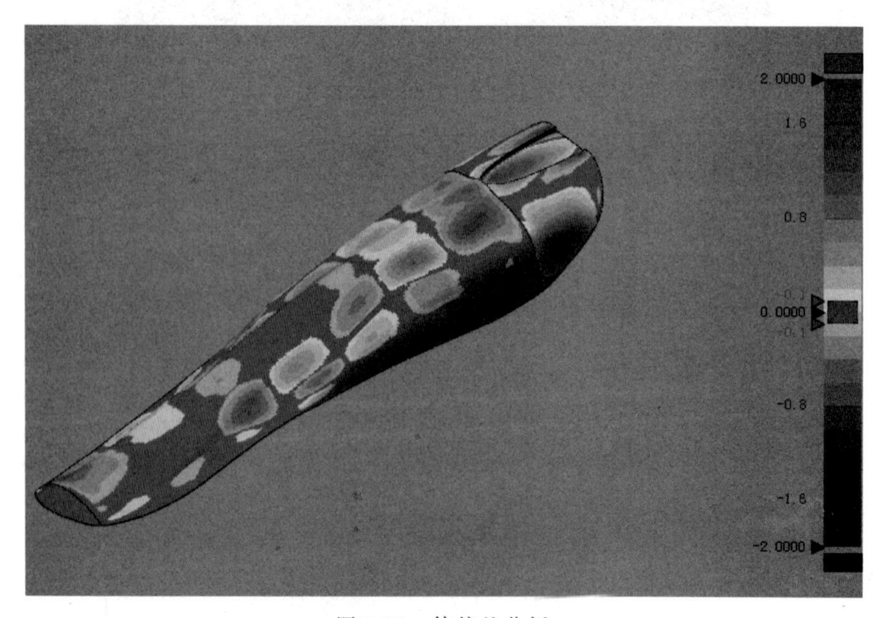

图 9-27　体偏差分析

第10章

Geomagic Design X精确曲面技术

10.1 Geomagic Design X 精确曲面阶段简介

精确曲面是一组四边曲面片的集合体，按不同的曲面区域来分布，并拟合成 NURBS 曲面，以表达多边形模型(可以是开放的或封闭的多边形模型)。相邻四边曲面片边界线和边界角(使用指定的除外)需是相切连续。

精确曲面阶段包含自动创建曲面和手动创建曲面两种操作方式。手动创建曲面操作流程主要分为四个步骤：

(1) 提取轮廓曲线：在网格上自动提取并检测高曲率区域的三维轮廓曲线。这些曲线可以进一步编辑和调整，用来创建更好的四边形曲面片补丁布局。

(2) 构建补丁网格：自动构建补丁布局内的补丁网格。

(3) 移动面片组：调整补丁面片在 3D 补丁网格内的布局，使它们更加连续和光顺。

(4) 拟合曲面：在每个补丁网格内的 3D 路径创建 NURBS 曲面，这样规划完成后，一个精准的曲面会被创建出来。

曲面模型创建过程中，软件提供了手动和半自动编辑工具来修改曲面片的结构和边界位置。为了改善曲面片的布局结构，用曲面片移动来创建更加规则的曲面片布局，可通重新绘制曲面片边界线、合并边界线顶点或移动曲面片组、改曲面片边界线位置等方式来实现，以保证有效的曲面片布局。

面片上的高曲率变化决定轮廓线的位置，轮廓线将面片划分成不同的区域，并能够用一组光滑的曲面片呈现出来。

创建 NURBS 曲面过程中的关键一步是将面片模型分解成为一组四边曲面片网格。四边曲面片网格是构建 NURBS 曲面的框架，每个曲面片由四条曲面片边界线围成。模型的所有特征均可由四边曲面片表示出来，如果一个重要的特征没有被曲面片很好地定义，可通过增加曲面片数量的方法进行解决。

经过精确曲面阶段处理所得 NURBS 曲面能以多种格式的文件输出，也可输入到其他 CAD/CAM 或可视化系统中。

10.2 精确曲面阶段的主要操作命令

精确曲面阶段包含“自动曲面创建”“创建/编辑曲面片网格”和“拟合曲面补丁”三个操作组，如图 10-1 所示。

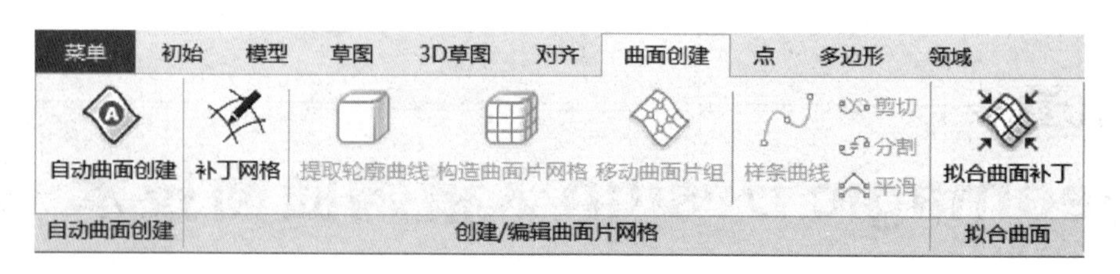

图 10-1 "精确曲面"菜单栏

1. "自动曲面创建"操作组

"自动曲面创建"组包含"自动曲面化创建"，"自动曲面化"是以最少的用户交互，自动生成 NURBS 曲面。

2. "创建/编辑曲面片网格"操纵组

"创建/编辑曲面片网格"包含的操作工具有：

(1) "补丁网格"：进入曲面片网格模式。

(2) "提取轮廓曲线"：自动提取面片上的特征曲线，生成特征曲线的位置会以红色分隔符的形式预显出来。

(3) "构造曲面片网格"：在面片上自动构建面片网格，创建网格可以遵循轮廓线的约束，其结果是可编辑的面板组，曲面片网格是 NURBS 曲面的前提。

(4) "移动曲面片组"：重新编辑曲面片组，为合理特征流配置曲面片网格。

(5) "样条曲线"：创建由插入点定义的样条曲线，可直接在面片模型上绘制特征曲线，用于构造曲面片组的边界线。

(6) "剪切"剪切：移除草图不需要的部分，例如自由线段或与其他草图几何形状相交的线段。此功能在手动创建面片时主要用于对特征曲线或面片网格曲线的移除，包括选择曲线与剪切曲线两种选择模式，如图 10-2 所示。

(7) "分割"分割：通过单击点、交差来分割曲线。包括选择点、与线的交叉点、与面的交叉点三种选择方式，如图 10-3 所示。

(8) "平滑"平滑：通过滑动栏来控制和调整曲线的平滑度，它包括整体与局部两种选择模式，如图 10-4 所示。

图 10-2 "剪切"对话框

图 10-3 "分割"对话框

图 10-4 "平滑"对话框

3. “拟合曲面”操纵组

“拟合曲面”操纵组包含“拟合曲面补丁”操作,“拟合曲面补丁”是将曲面片拟合到已经构建的曲面网格上。

10.3 应用实例

精确曲面阶段可通过自动创建曲面或手动创建曲面获得精确 NURBS 曲面。手动创建曲面需要相对较多的人机交互操作,能建立合理的特征分布曲面网格,拟合出更高精度的 NURBS 曲面,适用于相对简单、规则的曲面模型曲面。自动创建曲面可方便的构建出模型曲面,适用于快速构建复杂、非规则的模型曲面。

本节用手动创建曲面与自动创建曲面两种方法建立同一精确曲面模型,演示两种获取精确 NURBS 曲面模型的操作流程及注意事项,最后比较两种建模方法的精度。

1. 手动曲面化建模

1) 应用目标

将面片通过手动化曲面创建的方法,提取面片的初始轮廓曲线,对轮廓曲线手动进行绘制、剪切、分割、平滑等操作建立轮廓线。再以创建的轮廓线为基础构建曲面片网格,再移动曲面片组,为合理的特征流创建出规则的、合适形状的、有效的曲面片,最后拟合曲面补丁,得到最终 NURBS 曲面模型。

2) 应用步骤

(1) 导入实例 A 面片模型;

(2) 依据面片模型形状提取封闭的轮廓曲线;

(3) 用“绘制”“剪切”“分割”“平滑”等操作编辑轮廓曲线是其更符合实际特征的表达;

(4) 依据所建立好的轮廓线构造曲面片网格;

(5) 移动曲面片组,使网格分布得更规则合理;

(6) 在建立后的曲面片网格的基础上进行曲面拟合,获取精确 NURBS 曲面模型。

提示: 本软件与 Gemagic Studio 14 版软件中的精确曲面模块的建模流程大致相同,但本软件无须手动在曲面网格中进行格栅处理,而是自动设置曲面网格的分辨率。

1) 导入“精确曲面模型”的面片模型

单击“导入”,找到“精确曲面模型”的文件,单击“仅导入”,导入精确曲面模型面片数据,视图界面,如图 10-5 所示。

图 10-5 实例 A 面片数据

2) 生成封闭轮廓曲线

单击“补丁网格”,进入手动编辑曲面片网格模式。单击“提取轮廓线”,对模型的轮廓曲线进行提取。设置曲率敏感度为 85,分隔符敏感度为 60,如图 10-6 所示。

“提取轮廓曲线对话框”选项说明如下:

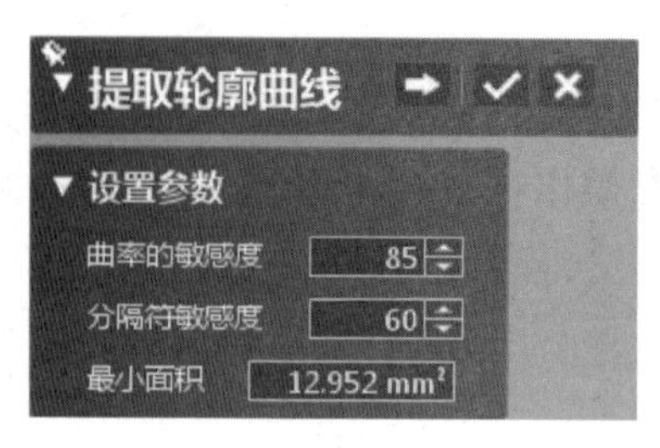

图 10-6　“提取轮廓曲线”对话框

（1）分隔符，是指根据模型表面的曲率变化而生成的用于划分各个彩色区域的红色分隔区域。通过抽取该红色区域的中心线得到轮廓线。在设置参数中可通过设置曲率敏感度、分隔符敏感度和最小面积三个选项控制分隔符，从而对面片进行区域划分。

（2）“曲率敏感度”：选择范围是 0.0～100，低值划分的区域数量较少，高值可划分更多的区域，操作者可自行设置参数值，观察区域变化。

（3）“分隔符敏感度”：选择范围是 0.0～100，设置的数值越大，敏感程度越高，分隔符所覆盖的范围也就越大。

（4）“最小面积”：划分模型表面的最小面积单位。所设置的数值越小，划分的单位就越小，得到的分隔符就越准确，计算的时间也越长。根据模型的大小进行相关设置。

（5）“长度最小值”：指抽取的轮廓线的最小长度。

单击“下一步”➡预览与编辑所生成的分隔符与轮廓线。在没有确定之前，可以使用各种选择模式，例如直线、画笔等增加分隔符，按住 Ctrl 键选择分隔符区域可移除选定区域分隔符，最后单击完成✔“自动”提取轮廓曲线，如图 10-7 所示。

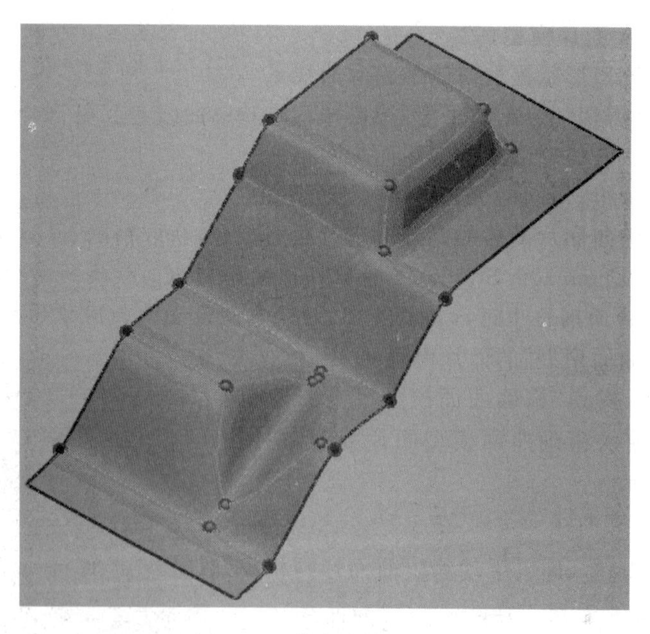

图 10-7　轮廓线抽取结果

3）编辑轮廓曲线

自动提取的轮廓曲线是通过提取分隔符的中心线得到的。多次进行轮廓曲线提取时会发现，即使每次的分隔符绘制方法、参数设置一样，提取的轮廓线形状、位置都会有所不同，这是因为每次操作中不能保证分隔符区域大小、位置完全一样。

生成的轮廓线中往往会存在如下问题：①平面区域两端点间轮廓线弯曲；②相邻轮廓线端点不重合；③缺少轮廓线；④生成的轮廓线与模型边界位置不重合，即轮廓线位置不准确。

用“样条曲线”、“剪切”、“分割”与“平滑”等操作对自动提取的轮廓曲线进行编辑。对于问题①和④我们可以采用“平滑”使曲线更平滑，或先使用“剪切”移除该段曲线，再使用“样条曲线”对轮廓曲线进行重新绘制；对于问题③直接采用“样条曲线”绘制新的轮廓曲线；对于问题②直接左键选定不重合点，再拖动到同一目标点位置即可合并相邻轮廓曲线的不重合端点。经过编辑后的轮廓曲线，如图 10-8 所示。

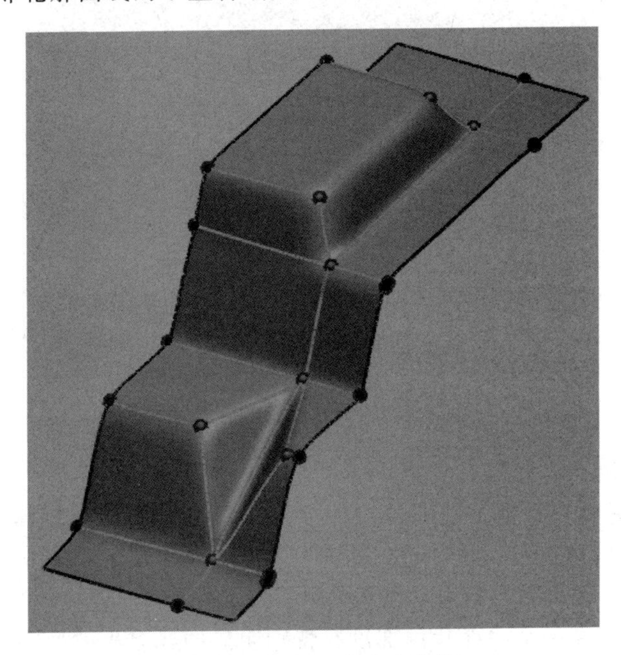

图 10-8　编辑后的轮廓曲线

4）构造曲面片网格

轮廓曲线构建后，以轮廓曲线为基础再构造曲面片网格，单击“构造曲面网格”，进入“构造曲面网格”对话框。选择自动估算，如图 10-9 所示。

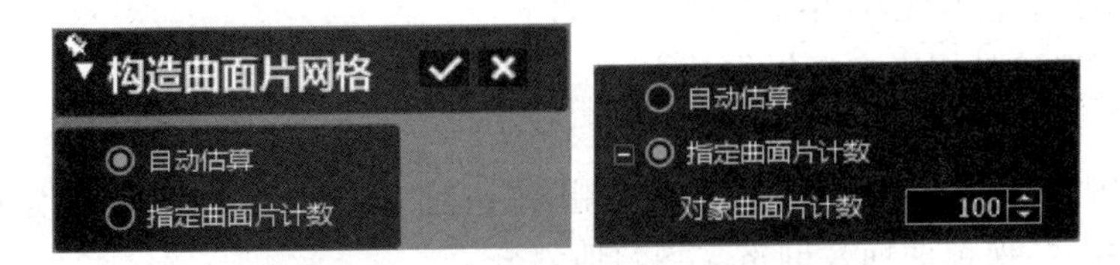

图 10-9　“构造曲面片网格”对话框

“构造曲面片网格”对话框中操作说明如下：

(1)“自动估算”：根据轮廓曲线细分长度或曲面片计数来构造曲面网格。

(2)“指定曲面片计数”：通过设置曲面片数量来构建曲面片网格。改参数根据操作人员对曲面的了解及设计经验来进行设置，不建议初学者使用该功能。

单击“完成”✔后出现对话框询问“是否运用角点分割曲线”，单击“是”，生成曲面网格如图 10-10 所示。

提示：交点分割曲线是在曲线交叉处，将一段曲线分割成两段曲线。

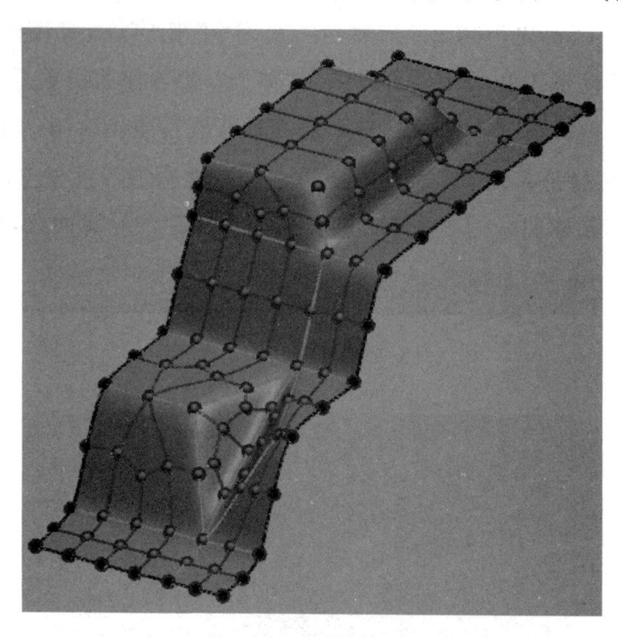

图 10-10 网格曲线提取结果

5）移动曲面片组

曲面网格构建后其形状是不规则的，为得到更加规则的曲面片网格，提高曲面的拟合精度，我们需要对曲面网格进行编辑。理想曲面网格的结构如下：

(1) 规则的，每个曲面片可近似为矩形；

(2) 合适的形状，在一个曲面片内部没有特别明显的或多出的曲率变化部分；

(3) 有效的，模型包含了与前两个要求一致的最少量的曲面片。

构造精确曲面阶段的目的在于获得规则的、合适形状的曲面片，通过相切、连续的曲面片有效地表达模型形状。单击“移动曲面片组”，弹出“移动曲面片组”对话框，如图 10-11 所示。

对“移动曲面片组”对话框中的操作说明如下：

(1)“实行”选项是用来选择操作的方法。

①“定义”：通过定义四边形的四个顶点来定义一组四边形面片网格。

②“添加/删除 2 个路径”：用于添加或删除围成曲面片网格的路径，确定曲面片相对边所包含的路径相同，保证曲面片网格被均匀地划分。

③“分割”：用于分割网格曲线。

(2)“类型”选项是用于设置所操纵的曲面片网格区域的类型。

①“自动检测”：自动的探测所要操作的曲面片网格。

②“栅格”：探测由栅格组成的曲面片网格。

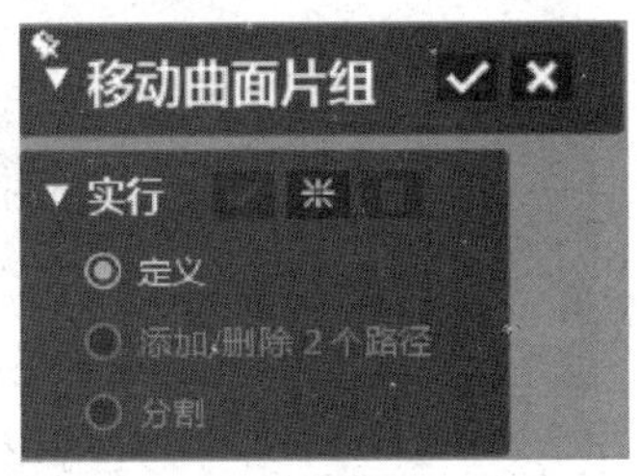

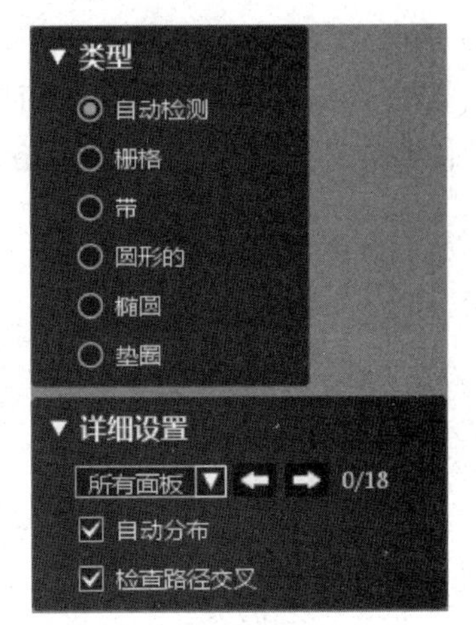

图 10-11 “移动曲面片组”对话框

③“带”：探测由带状线组成的曲面片网格。

④“圆形的”：探测由圆组成的曲面片网格。

⑤“椭圆”：探测由椭圆组成的曲面网格。

⑥“垫圈”：探测由套环组成的曲面网格。

(3)“详细设置”选项

①“自动分布”：自动分布当前区域内的曲面网格。

②“检查路径交叉”：检查曲面网格之间是否存在有重叠或者不相交的网格曲线。

先选择一组曲面网格，此时网格线会处于高亮状态，红点显示软件默认的四边形顶点位置，如图 10-12 所示。单击曲线交点可以重新定义四边形顶点，如图 10-13 所示。

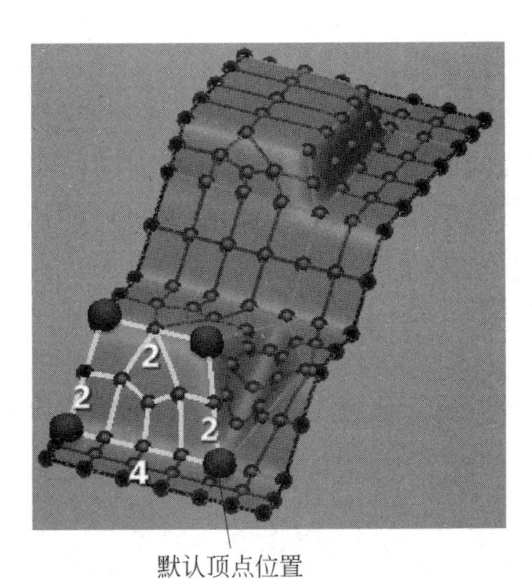

图 10-12 默认四边形顶点

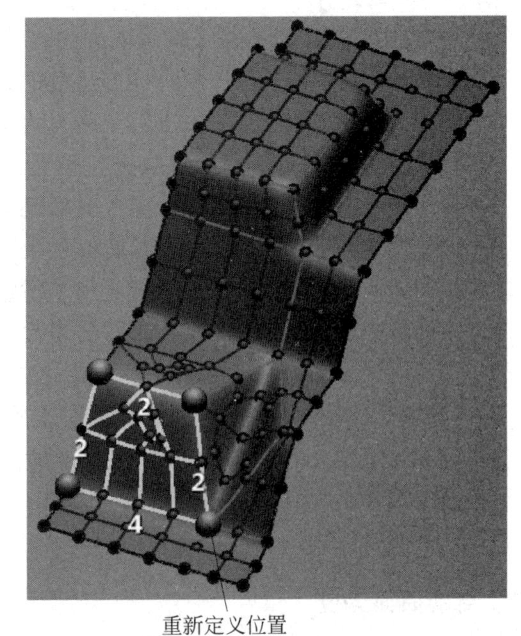

图 10-13 重新定义四边形顶点

再选择“添加/删除 2 个路径”，为使四边形对边网格数量相等。单击 4 对面的线条，两个对边网格数量相等，再单击“执行”☑，曲面网格组被重新划分，如图 10-14 所示。依次对曲面片网格进行上述操作，重新定义曲面网格位置，最终的网格，如图 10-15 所示。

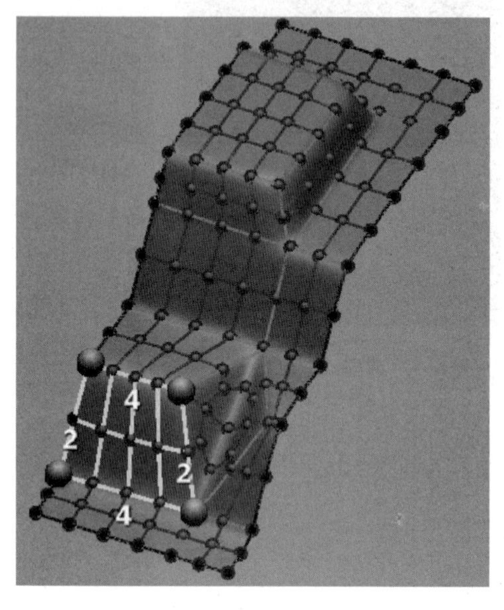

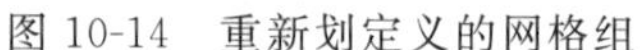
图 10-14　重新划定义的网格组

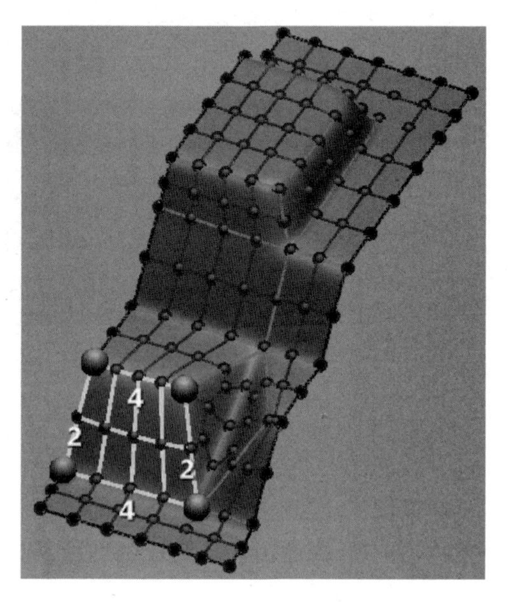

图 10-15　最终曲面网格

6）拟合曲面补丁

曲面网格配置后，选择“退出”，再对其进行“拟合曲面补丁”，进入“拟合曲面片”对话框，如图 10-16 所示。

（1）“拟合方法”可设置进行曲面拟合的方法。

① “非平均”：采用该拟合方法将自适应的设置每个曲面片内所使用的控制点数量。

② “固定”：采用该拟合方法使用控制点为常数的曲面进行拟合。

（2）“拟合选项”可对拟合的参数进行设置。

① “几何形状捕捉精度”：面片拟合时对几何形状捕捉的精度。

② “公差”：指定拟合后曲面相对曲面片偏离的最大距离。

③ “曲面张力”：用于调整曲面精度和平滑度之间的平衡。

④ “体外孤点百分比”：在拟合曲面公差允许的范围里，指定基本网格内可以超出公差的点的百分比。

（3）“设置锐化边线”：选择所要锐化的边界曲线。

“边线”：显示已选择所需锐化的边界曲线。

选择“确定”☑，完成曲面片的拟合，如图 10-17 所示。选择“偏差分析”，曲面拟合后的偏差图，如图 10-18 所示。

2. 自动曲面建模

1）应用目标

介绍自动曲面化操作方法及注意事项，将多边形模型转化为 NURBS 曲面。最后对手动化和自动化两种方法建立的精确曲面进行比较。

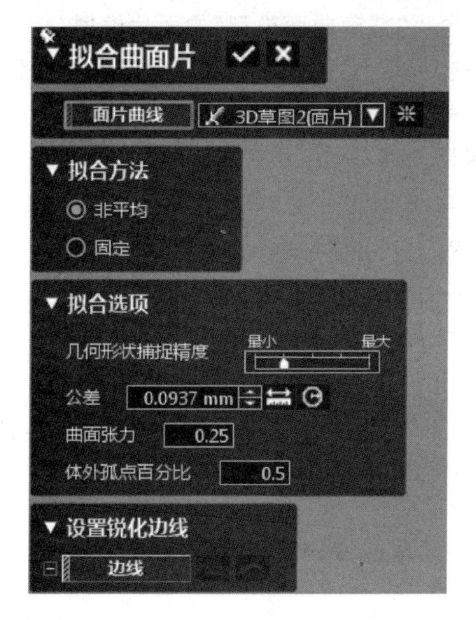

图 10-16 "拟合曲面片"对话框

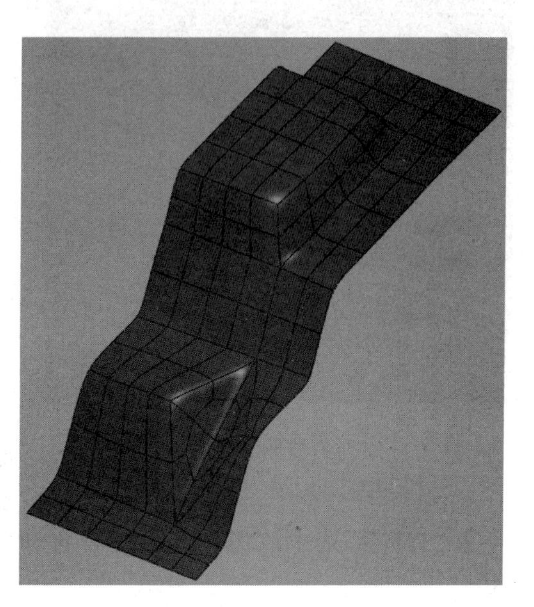

图 10-17 精确模型

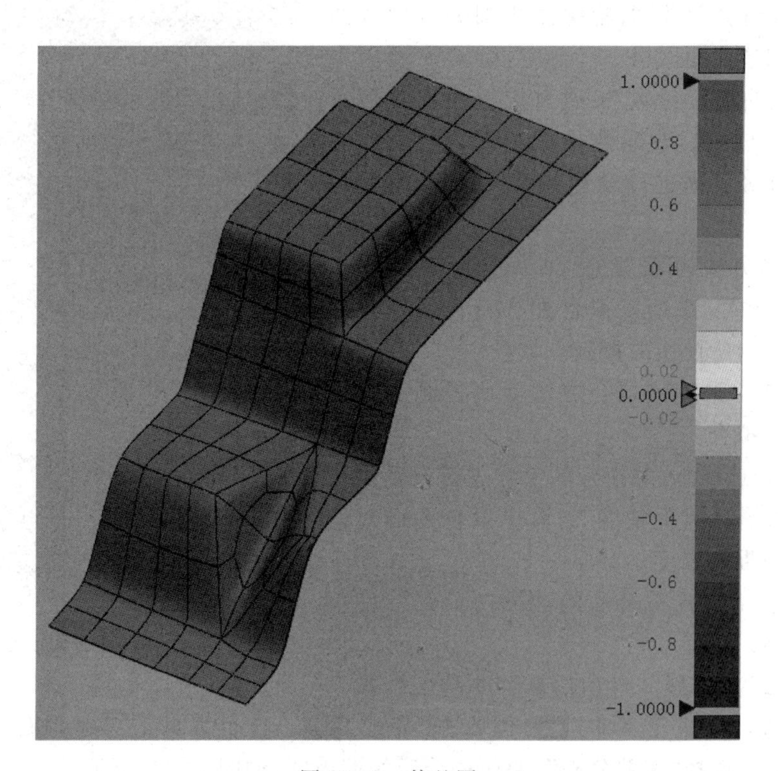

图 10-18 偏差图

2) 应用步骤

(1) 导入"精确曲面模型"面片模型;

(2) 执行自动曲面化操作,将多边形模型转化为 NURBS 曲面;

图 10-19　精确曲面模型后视图界面

(3) 对精确曲面模型进行偏差分析。

1) 导入“精确曲面模型”的面片模型；

单击“导入”，找到“精确曲面模型”文件，单击“仅导入”，导入“精确曲面模型”面片数据，视图界面，如图 10-19 所示。

2) 进行自动曲面化操作

选择“自动曲面化操作”命令，弹出对话框如图 10-20 所示。

“自动化曲面”对话框中的操作说明如下：

(1) “面片”选项操作说明

① “机械”：选中该操作选项进行自动曲面化，该操作适用于较规则模型的自动曲面化。

② “有机”：选中该操作选项进行自动曲面化，该操作适用于非规则模型的自动曲面化。

(2) “曲面片网格选项”对话框中操作说明

① “自动估算”：根据轮廓曲线细分长度或曲面片计数来构造曲面网格。

② “对象曲面片计数”：通过设置曲面片数量来构建曲面片网格。改参数根据操作人员对曲面的了解及设计经验来进行设置，不建议初学者使用该功能。

(3) “拟合方法”可设置进行曲面拟合的方法。

① “非平均”：采用该拟合方法将自适应地设置每个曲面片内所使用的控制点数量。

② “固定”：采用该拟合方法使用控制点为常数的曲面进行拟合。

(4) “拟合选项”可对拟合的参数进行设置。

① “几何形状捕捉精度”：设置拟合曲面对面片几何精度捕捉的强度。

② “公差”：制定拟合后的曲面与面片模型偏离的最大距离。

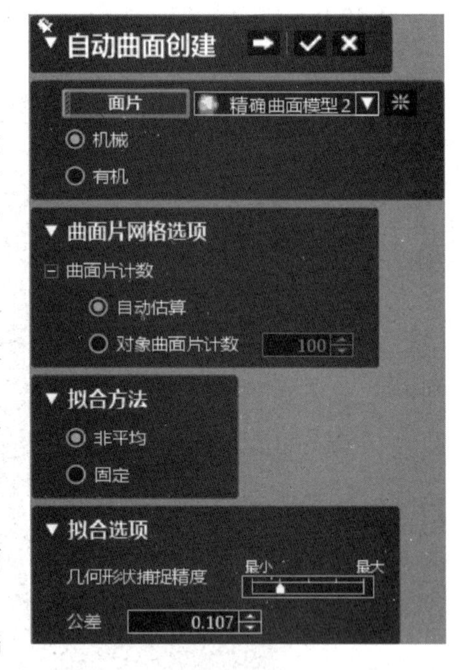

图 10-20　“自动曲面创建”对话框

设置参数为“机械”“自动估算”“非均匀”，拟合选项为默认值，单击“下一步”，再单击“完成”。自动曲面化精确曲面重建完成，如图 10-21 所示。选择“偏差分析”，曲面拟合后的偏出图，如图 10-22 所示。

比较手动创建曲面模型与自动创建曲面模型的偏差分析图(见图 10-18 与图 10-22)，手动创建的 NURBS 曲面模型的精度要高于自动创建的 NURBS 曲面模型。形态复杂曲面且精度不高的情况下，为了简化建模流程也可选择自动化曲面建模。

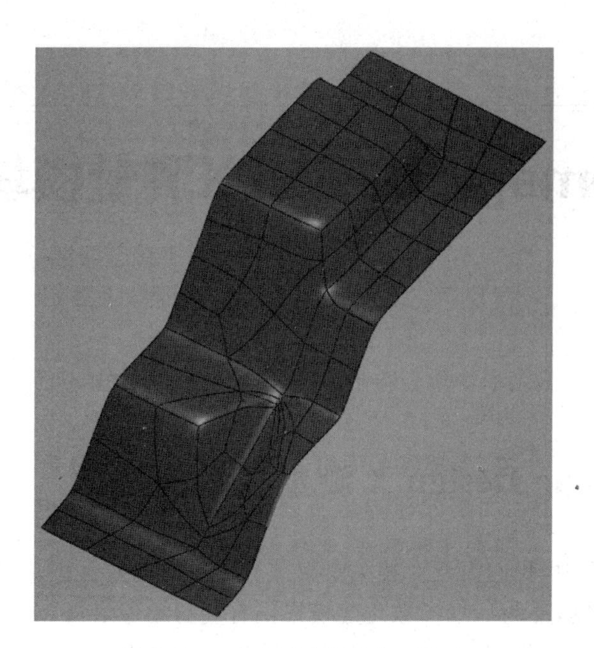

图 10-21　自动创建精确曲面模型

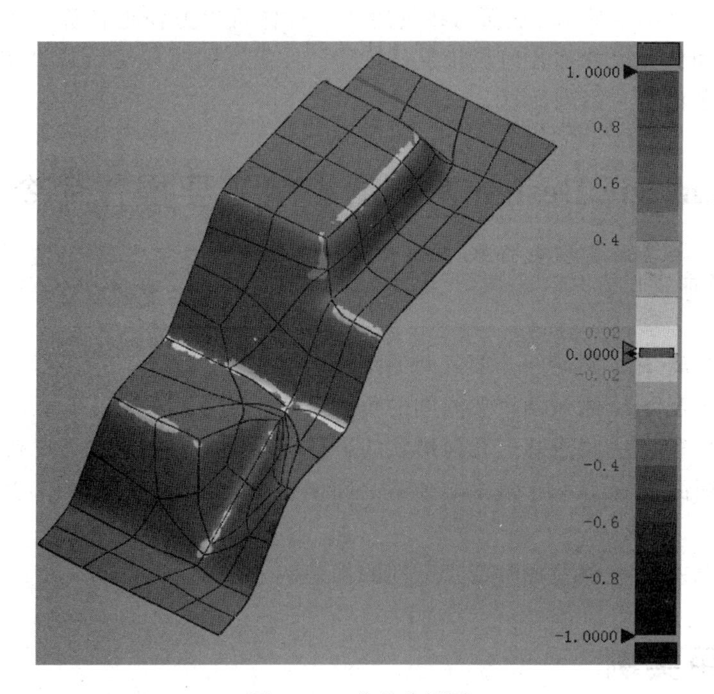

图 10-22　偏差分析图

第11章 Geomagic Design X测量模块处理技术

11.1　Geomagic Design X 测量模块概述

在逆向建模过程中，我们需要对相关参数进行测量与偏差分析，这样有利于后续参数化修改，提高模型的精度，并为后期参数化建模提供有利的参考依据。

Geomagic Design X 测量模块可以帮助我们测量对象上点与点的距离、点与线或平面的距离、两线或两平面的距离、平面与线的距离。这样可以方便地计算出测量模块基本尺寸、几何形状之间位置尺寸和几何形状主要轮廓尺寸等。同时还可以计算实体模型中的角度、半径和测量断面等一系列数据。

11.2　Geomagic Design X 测量模块主要操作命令

测量模块的命令栏为，位于操作界面的下边缘菜单栏上，包含的 5 个命令如下：

(1)“测量距离”：测量两个要素间的距离。

(2)“测量角度”：测量两个要素间的角度尺寸。

(3)“测量半径”：测量圆形几何形状的半径或选择要素上的三个点来测量半径。

(4)“测量断面”：在一个或多个要素之间创建交叉断面，以采用 2D 形式测量断面上的距离。

(5)“面片偏差”：测量面片或点云间的偏差。

11.3　应用实例

1) 应用目标

对分析模型的偏差进行分析。测量模型上点到点的距离，角度和半径尺寸，同时还通过断面以 2D 形式测量距离。

2) 应用步骤

(1) 导入测量模型；

(2) 测量对象上两点的距离；

(3) 测量角度尺寸；

(4) 测量对象上圆形的半径；

(5) 测量断面以 2D 形式测量两点的距离；

(6) 测量两面片间的偏差。

本实例操作步骤为：

1. 将模型“测量实例”导入 Geomagic Design X

该模型包含两个对象，在“特征”栏中会显示出“测量实例 1”和“测量实例 2”，两个对象分别表示为精细曲面和多边形格式，下面的测量以“测量实例 2”为测量对象，右击“测量实例 1”，单击“隐藏”。

2. 测量对象上两点的距离

单击“测量距离”命令进入对话框，如图 11-1 所示。

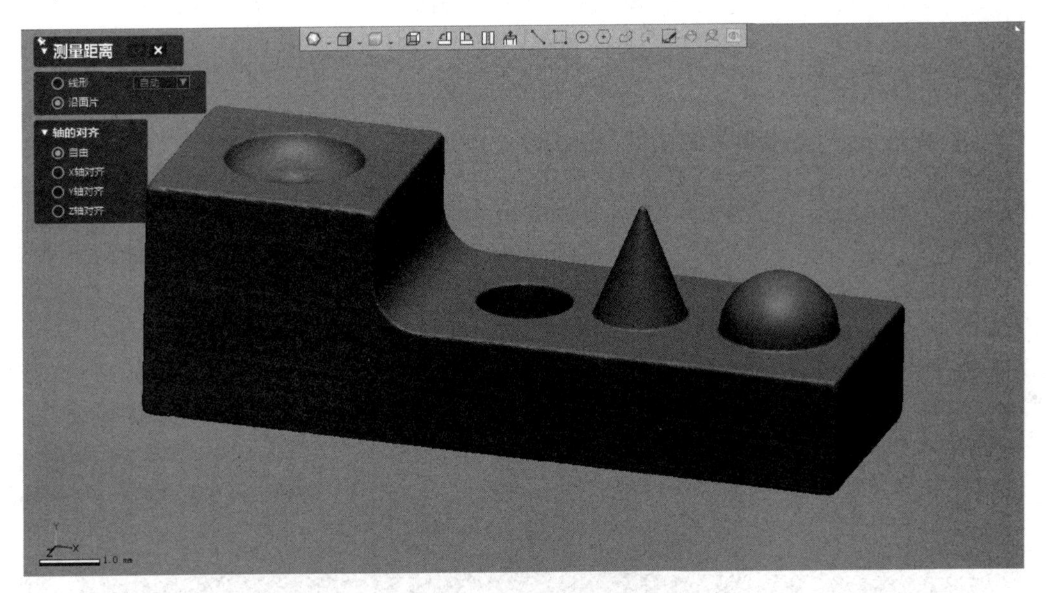

图 11-1　“测量距离”操作界面

“测量距离”对话框如图 11-2 所示，其主要操作说明如下：

(1) “线形”：表示测量方式为两点间的距离；

(2) “沿面片”：表示测量方式为两点间沿着曲面的距离；

(3) “自由”：表示测量方向为两点间的方向；

(4) “X 轴对齐”：表示测量方向为 X 轴方向；

(5) “Y 轴对齐”：表示测量方向为 Y 轴方向；

(6) “Z 轴对齐”：表示测量方向为 Z 轴方向。

图 11-2　“测量距离”对话框

单击对象被测距离的两个点，如图 11-3 所示，距离显示在两点所在线上的中心。

单击“确定”按钮，退出当前对话框，两点测量的距离保留在模型上。

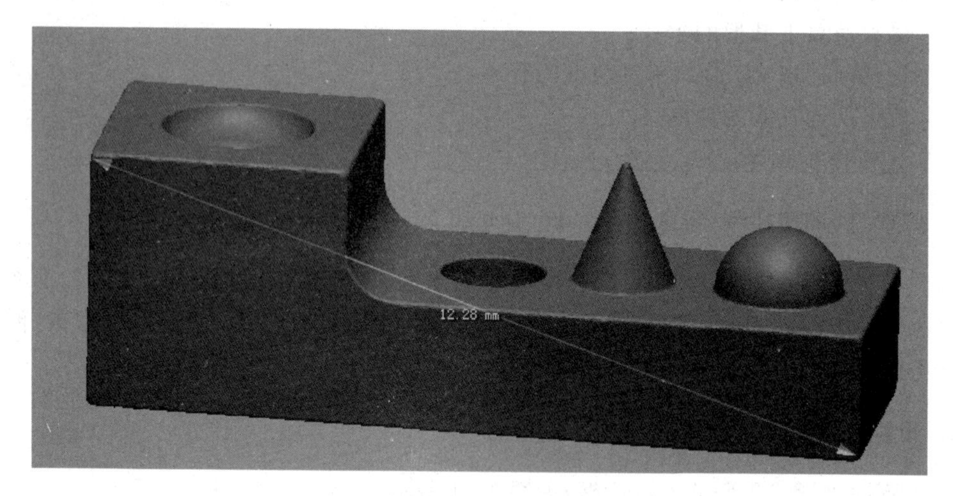

图 11-3　两点距离测量

3. 测量角度尺寸

单击“测量角度”命令进入对话框，如图 11-4 所示。

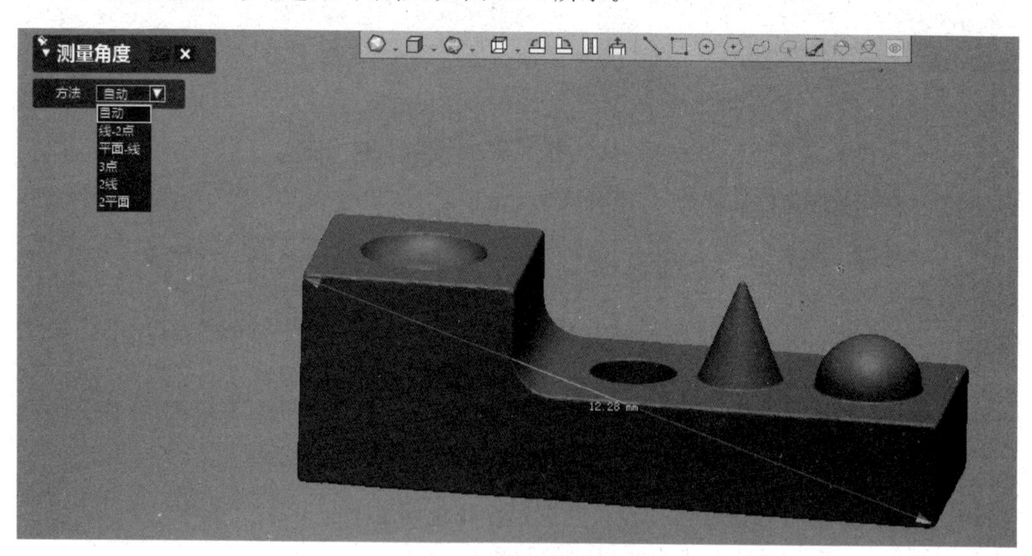

图 11-4　“测量角度”操作界面

“测量角度”对话框如图 11-5 所示，其主要操作说明如下：

(1) “自动”：表示测量方式是根据所选的点、线、面来确定是以上 5 种测量方式的哪一种；

(2) “线-2 点”：表示测量角度为一条线与两点所在的线构成的角度；

(3) “平面-线”：表示测量角度为线与面的夹角；

(4) “3 点”：表示测量角度为第 1 点、第 2 点所在的线与第 2 点、第 3 点所在的线的夹角；

(5) “2 线”：表示测量角度为两条线的空间夹角；

(6) “2 平面”：表示测量角度为两平面的夹角。

单击“3 点”,单击对象上要测量角度的 3 个点,如图 11-6 所示,测量角度为第 1 点和第 2 点所在的线与第 2 点和第 3 点所在的线的夹角。

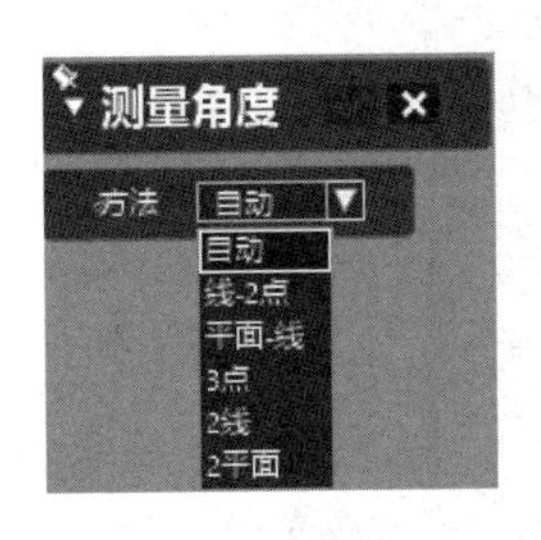

图 11-5 “测量角度”对话框

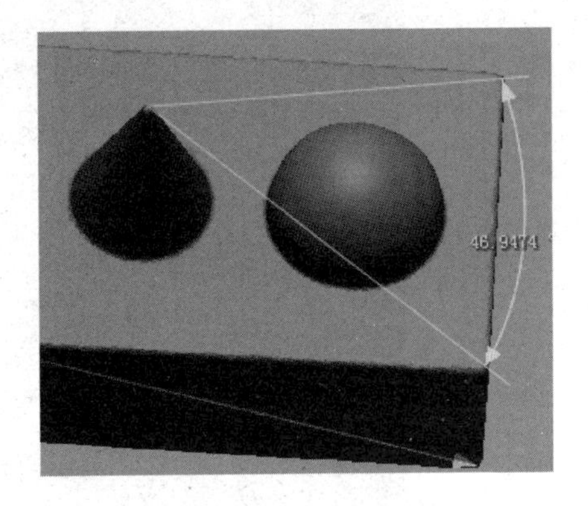

图 11-6 角度测量

单击“确定”按钮,保存测量结果,退出当前对话框。

4. 测量对象上圆形的半径

单击“测量半径”命令进入对话框,如图 11-7 所示。

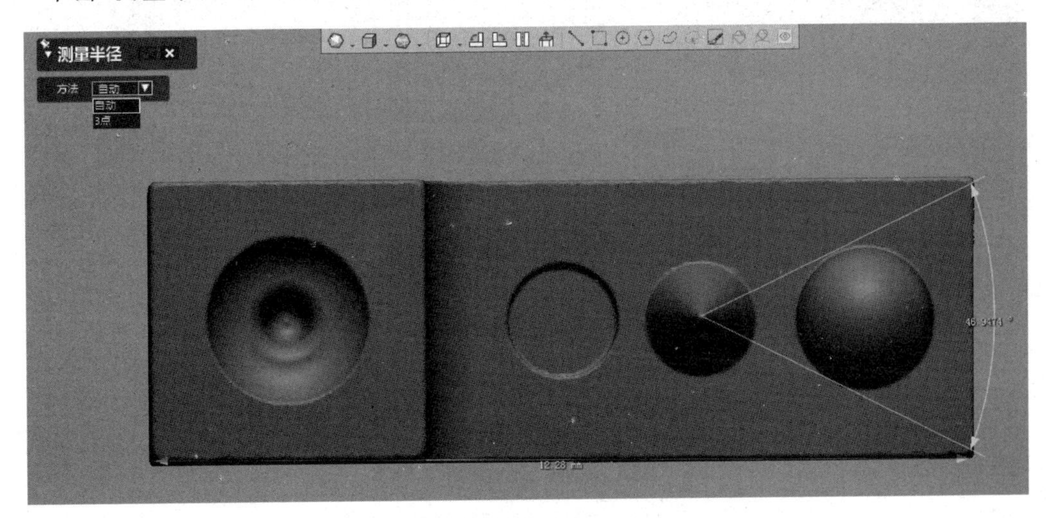

图 11-7 “测量半径”操作界面

单击对象上要测量半径所在圆形的 3 个点,如图 11-8 所示,测量半径的距离显示在 3 个点所在圆形的半径上。

单击“确定”按钮,保存测量结果,退出当前对话框。

5. 测量断面以 2D 形式测量两点的距离

以左边“特征”栏中的“测量实例 2”为对象,再创建与模型底面平行且相交于圆锥和半球的“平面 1”,单击“测量断面”命令进入对话框,如图 11-9 所示。

在“对象要素”提示后,单击左边“特征”栏中的“测量实例 2”,选中“测量实例 2”为测量对象，单击“下一阶段➡”，如图 11-10 所示。

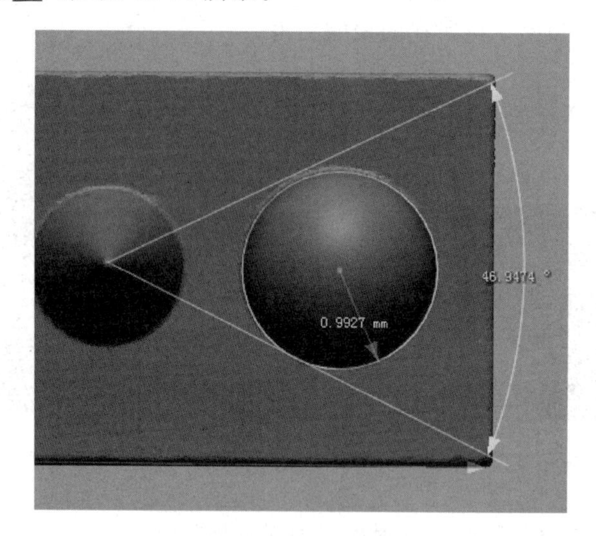

图 11-8 半径测量

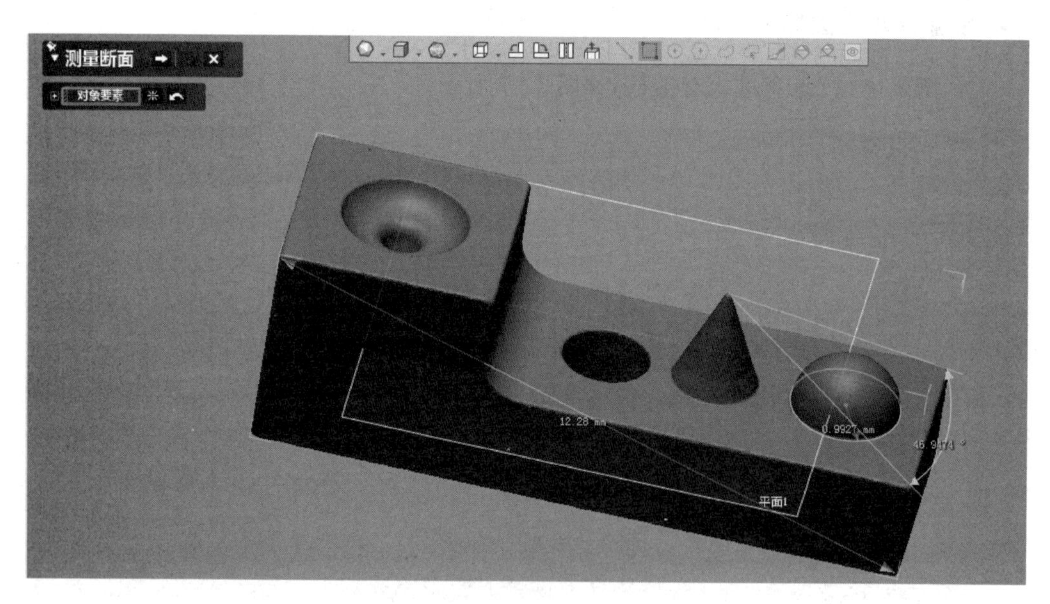

图 11-9 “测量断面”操作界面 1

“测量断面”操作界面 2 对话框中主要操作说明如下：

(1) “绘制画面上的线”：表示断面是划线所截的面；

(2) “选择平面”：表示断面是选择已有的面；

(3) “平面间 N 等分”：表示断面是平面间 N 等分所截的面；

(4) “沿曲线 N 等分”：表示断面是平面沿曲线 N 等分所截的面；

(5) “回转形”：表示断面是平面经过轴与起始面成角度的面；

(6) “圆柱形”：表示断面是圆柱面所截的面；

(7) “圆锥形”：表示断面是圆锥面所截的面。

单击“选择平面”，选择左边“特征”栏中的“平面 1”，单击“测量方法”中的“用点选计算距离”，选择需要在断面测量距离的两个点，如图 11-11 所示。

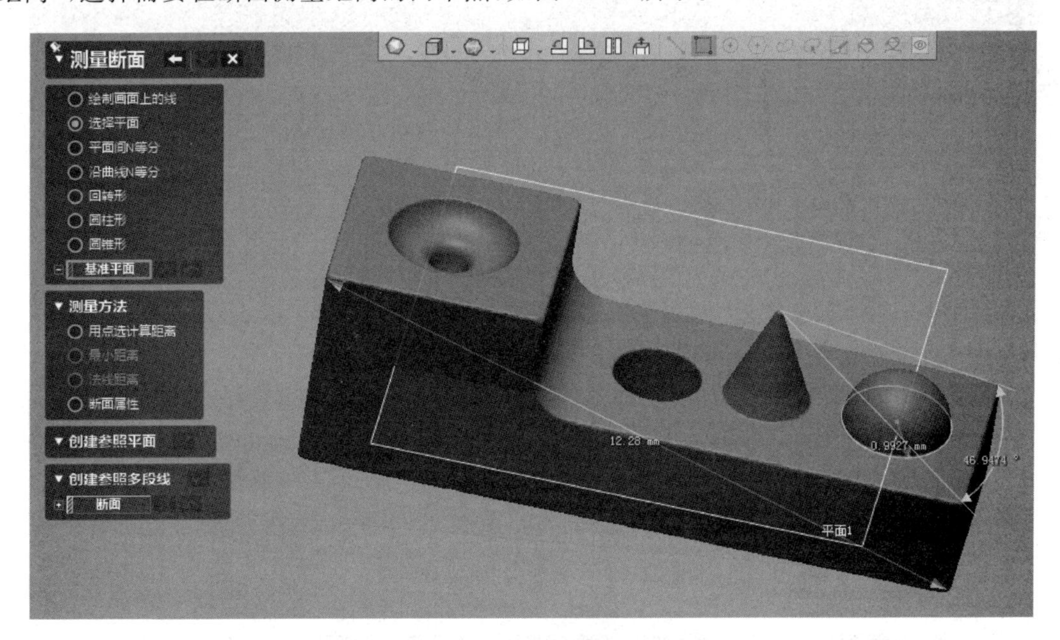

图 11-10　“测量断面”操作界面 2

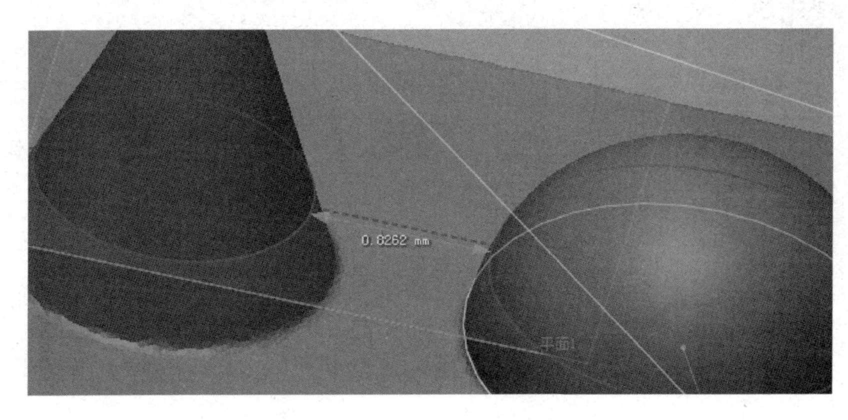

图 11-11　断面上两点距离测量

单击“确定”按钮，退出当前对话框。

6. 测量两面片间的偏差

本步骤以“测量实例 2”为对象要素，“测量实例 1”为参照测量两面片间的偏差，隐藏“测量实例 1”，显示“测量实例 2”，单击“面片偏差”命令进入对话框，如图 11-12 所示。

单击“对象要素”，选择“测量实例 2”，单击“参照”，选择“测量实例 1”，以“测量实例 1”作为参照模型。单击“下一阶段➡”，双击右边射频的上限，上限设置为“0.1000”，再设置偏差允许范围，设置为“－0.004～0.004”如图 11-13 所示，结果显示大部分区域偏差值在允许偏差范围内。

单击“确定”按钮进行确定，完成偏差检测，退出当前对话框。

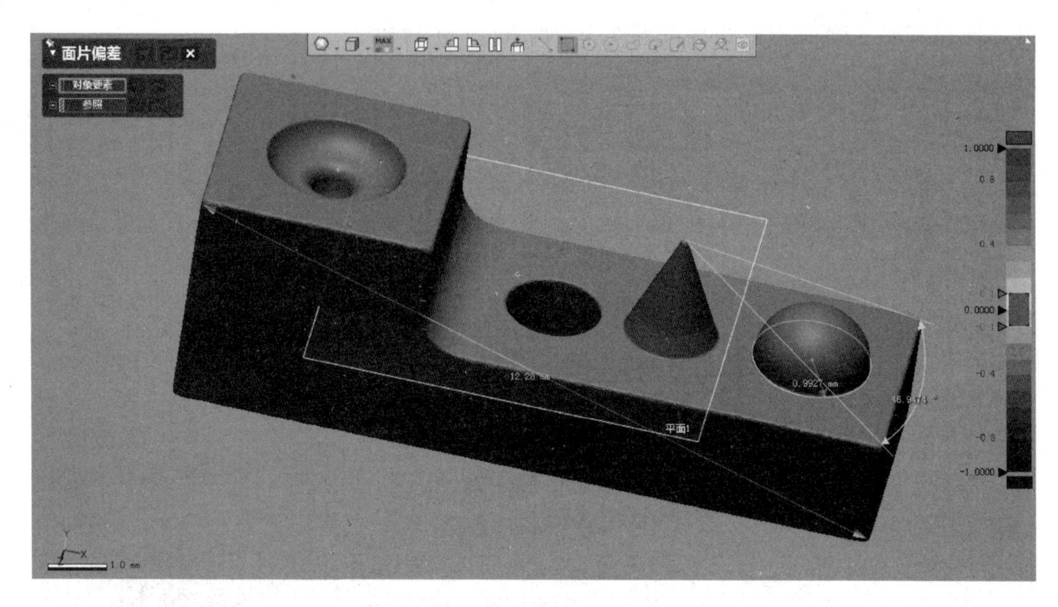

图 11-12　“面片偏差”操作界面

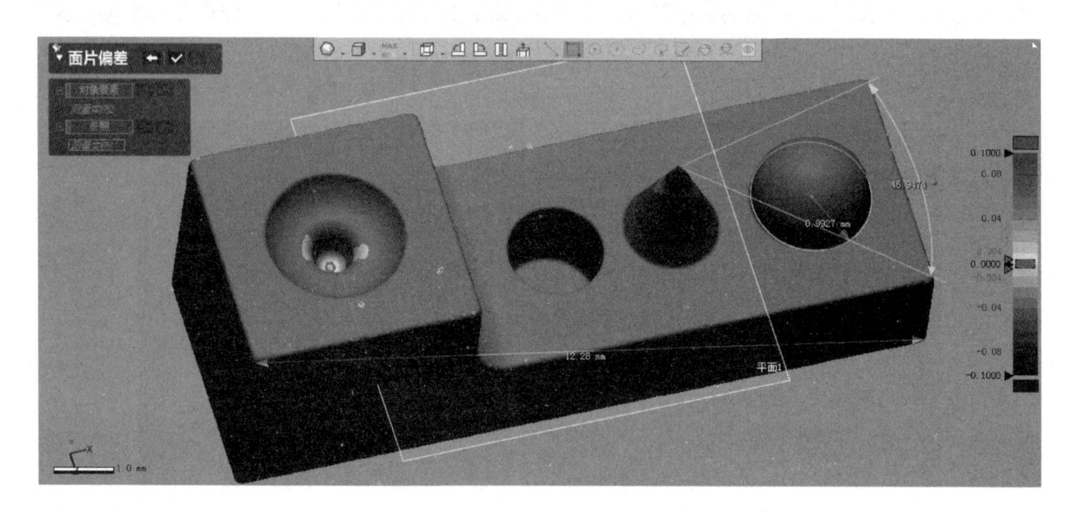

图 11-13　两面片间的偏差

参考文献

[1] 成思源,杨雪荣. Geomagic Studio 逆向建模技术及应用[M]. 北京：清华大学出版社,2016.
[2] 成思源,洪树彬,杨雪荣. 逆向工程技术综合实践[M]. 北京：电子工业出版社,2010.
[3] 成思源,杨雪荣. Geomagic Qualify 三维检测技术及应用[M]. 北京：清华大学出版社,2012.
[4] 成思源,杨雪荣. Geomagic Design Direct 逆向设计技术及应用[M]. 北京：清华大学出版社,2015.
[5] 隋亦熙. 逆向工程中曲线曲面特征提取研究[D]. 杭州：浙江大学,2008.
[6] 徐进. 反求工程 CAD 混合建模中若干问题的研究[D]. 杭州：浙江大学,2009.
[7] HUANG J B. Geometric feature extraction and model reconstruction from unorganized points for reverse engineering of mechanical objects with arbitrary topology[D]. Columbus：The Ohio State University,2001.
[8] URBANIC R J. A design and inspection based methodology for form-function reverse engineering of mechanical components[J]. The International Journal of Advanced Manufacturing,2015,81(9)：1539-1562.
[9] 丛海宸. 于功能-形态分析的个体化医疗器械设计[D]. 广州：广东工业大学,2017.
[10] 冯超超. 基于领域分割与草图特征的混合 CAD 建模技术研究[D]. 广州：广东工业大学,2017.
[11] 林泳涛. 基于局部形态提取的逆向设计方法[D]. 广州：广东工业大学,2017.
[12] 蔡敏,成思源,杨雪荣,等. 基于逆向工程的混合建模技术研究[J]. 制造业自动化,2014,36(5)：120-122.
[13] 成思源,余国鑫,张湘伟. 逆向系统曲面模型重建方法研究[J]. 计算机集成制造系统,2008,14(10)：1934-1938.
[14] 蔡敏,成思源,杨雪荣,等. 基于 Geomagic Studio 的特征建模技术研究[J]. 机床与液压,2014,42(21)：142-145.
[15] 蔡敏,成思源,杨雪荣,等. 基于逆向工程的混合建模技术研究[J]. 制造业自动化,2014,36(5)：120-122.
[16] 蔡敏. 逆向工程中基于特征提取的建模技术研究[D]. 广州：广东工业大学,2015.
[17] 肖华. 网格重构及特征提取技术研究[D]. 杭州：浙江大学,2010.
[18] BENIERE R, SUBSOL G, GESQUIERE G, et al. A comprehensive process of reverse engineering from 3D meshes to CAD models[J]. Computer-Aided Design,2013(45)：1382-1393.
[19] WANG J, GU D, GAO Z, et al. Feature-based solid model reconstruction[J]. Computing and Information Science in Engineering,2013(13)：011004. 1-011004. 13.
[20] 杨雪荣,成思源,郭钟宁. 基于自主式项目驱动的逆向工程技术教学改革与实践[J]. 实验技术与管理,2016,33(1)：179-182.
[21] 丛海宸,成思源,杨雪荣,等. 基于领域划分的逆向参数化建模[J]. 组合机床与自动化加工技术,2016(6)：71-74.
[22] 丛海宸,成思源,杨雪荣,等. 基于形态分析法的逆向参数化建模[J]. 制造业自动化,38(5)：115-119.
[23] 成思源,周小东,杨雪荣,等. 基于数字化逆向建模的 3D 打印实验教学[J]. 实验技术与管理,2015,33(1)：30-33.